**丛书主编**

王 一

**编 委**

（按姓氏拼音排序）

邓 丰　董 屹　耿慧志　扈龑喆　李翔宁　刘 颂　石 邢　汤朔宁

王 兰　王 一　王桢栋　谢振宇　袁 烽　张 鹏　张 婷　赵 颖

**编写人员**

（按姓氏拼音排序）

曹 亮　陈 强　陈 易　邓 丰　董 屹　高 磊　刘 冰　孟 刚　戚 鑫　汪妍泽

王 祥　王志军　魏 丹　文小琴　吴 丹　张 华　张 扬　张 峥　赵 颖　周 峻

**编写助理**

刘 淇

产教融合教学改革与实践系列丛书

# 上海棋院的平行世界
## 建筑学专业硕士研究生校企联合建筑设计教学探索

邓 丰　董 屹　文小琴　赵 颖　编著

同济大学出版社·上海
TONGJI UNIVERSITY PRESS·SHANGHAI

上海市中心城区高密度环境下的建筑设计

——上海棋院项目,

是对上海棋牌院地块的场地和建筑进行多种可能的设计探讨。

此课题旨在探寻当代高密度城市空间中的场地和建筑设计策略,

通过建筑与外部空间组织,

营造其与基地周边的文化语境、

城市环境和既有建筑相适应的空间关系。

希望通过整合建筑结构、功能、形态、技术、设备、构造与材料等要素,

重塑和再现上海棋院的多种可能,

将其打造为服务于全市棋牌事业的城市级公共建筑设施。

# 目录
CONTENTS

**1**
006 序言
FOREWORD

**2**
020 课程选题
CURRICULUM & INTRODUCTION

**3**
034 学生作业精选
DIVERSE POSSIBILITIES

**4**
190 探索之路
PATH OF EXPLORATION

**5**
206 教学实践
TEACHING PRACTICE

228 后记
POSTSCRIPT

# 1

## 序言
FOREWORD

| 008 | 汤朔宁 | TANG SHUONING |
| 010 | 耿慧志 | GENG HUIZHI |
| 012 | 赵　颖 | ZHAO YING |
| 014 | 王　一 | WANG YI |
| 016 | 曾　群 | ZENG QUN |
| 018 | 文小琴 | WEN XIAOQIN |

# 序 言
## FOREWORD

I

　　教学与实践的融合激发了建筑设计的活力。同济大学建筑与城市规划学院与同济大学建筑设计研究院（集团）有限公司共同开展的产教融合联合教学，是一次意义深远的探索——它不仅凝聚了教学与实践的智慧，更精准地回应了当代语境下建筑教育所面临的挑战：建筑设计不仅要承载起建造价值之外的社会文化意义，还要积极应对日新月异的技术发展所带来的时代跃迁。

　　自 2021 年秋季学期以来，联合教学精选真实的实践项目植入研究生设计课程，为教学提供基于现实的设计语境，以引导学生更早进入职业建筑师的角色，深入了解和应对实际工作中的复杂问题，培养系统化的职业素养与综合能力。课程通过渐进式的分析、沟通与多专业协作，帮助学生的设计创意从灵感升华为现实。在此过程中，学生能更深刻地体验多专业合作所激发的思想碰撞与创新突破的魅力，从而坚定未来迈向职业道路的信念。

联合教学同样给予了成熟的建筑师们新的启迪。设计院每年选派8位优秀的资深建筑师、结构和设备工程师，以企业导师身份全程参与设计课教学，满怀热情地引领学生探索建筑设计的魅力。同时，学生的独特创意也为建筑师们提供了全新的视角，以反思和重构多年积累的职业惯性。教学中对于设计切入点和关键问题的激烈讨论，也启发了新的思考，帮助建筑师们积累了教学经验，为其职业生涯增添了激情与活力。

如今，建筑行业正迎来技术革新与市场变化的巨大浪潮，设计机构面临转型升级的挑战，同时也对建筑教育提出了更高、更新的要求：需要跨学科的统筹协调能力、更敏锐的职业洞察与更扎实的专业积淀。经过3年的探索，联合教学收获了丰硕的成果，打破了专业壁垒，提升了设计教学的深度与广度。通过产教融合的创新探索，我们希望能够搭建起教学与实践的沟通桥梁，也期望为建筑教育注入新的活力，培养出更多引领未来、心怀梦想的优秀建筑师。

同济大学建筑设计研究院（集团）有限公司
党委书记、总裁

# 序 言
FOREWORD

II

　　建筑类专业人才培养具有实践性强的特点，产教协同育人既有利于学生快速融入职业实践，又有利于企业冷静思考行业发展大方向和积累人力资源。因此，引进校外企业导师参与设计课教学已经成为我国高校建筑类专业人才培养的普遍选择。

　　同济大学建筑学专业培养计划在核心课程上的本硕贯通是一个重要特色，本书主要展现了建筑学硕士课程中的设计教学实践，同时也体现了本硕贯通培养体系的一个高阶环节。本书收录的丰硕教学成果代表了产教融合教学的高光时刻。

　　同济大学建筑与城市规划学院将持续推动企业导师参与课程，使教学向纵深发展。目标是构建稳定的校企合作机制，探索更加灵活的教学安排，提升企业导师参与课程的效率与质量；推行企业导师与青年教师的联动机制，形成长期合作关系，在连续教

序言 FOREWORD

学中提升双方的默契协作与教学效果；完善企业导师的遴选与激励机制，制定明晰的选拔标准，与合作企业共同探索职称加分、资金补助等措施，进一步提高企业导师参与教学的积极性与责任感。

在新形势下，建筑类学生就业呈现多元化的趋势，学生们不仅需要具有过硬的专业设计能力，更需要具备强大的专业设计拓展能力。学生们面临的新兴应用场景反映出当下数智化的大趋势，例如，游戏环境设计师、VR/AR 环境设计师、影视动画场景设计师等职业需求方兴未艾。为此，我们已经开始探索面向新兴应用场景的模块化知识认证教学体系。期待未来新兴赛道的企业设计师能够加入教师团队，更期待产教融合教学课程能够结出更加丰硕的果实。

同济大学建筑与城市规划学院
副院长

# 序 言
FOREWORD

## III

　　一名建筑学专业求学 8 年的专业硕士毕业生，是否已经准备好踏上职业建筑师之路？如果毕业后从事建筑设计或者走向更加多元的职业领域，那么设计课程能给予他们的是什么？建筑学专业教学需要培养什么样的学生，才能融入当下设计行业跌宕起伏的洪流，理解并担当起这份职业？设计院以往"师傅领进门，修行在自己"的传统师徒模式，已经完全跟不上前些年快速扩张的行业规模需求。作为同济设计集团分管专业培训、建筑专业校园招聘的副总建筑师，我在工作中常常被问到这些问题。而我同时也是同济大学建筑学专业的硕士生导师，在自己培养学生的过程中，也常会思考，企业的资源和行业发展的最新技术，以及经过企业历练后成长起来的建筑师的实践经验，是否可以传授在校的学生？

　　集团汤朔宁总裁作为同济大学建筑与城市规划学院长聘教授和企业管理者，敏锐地意识到企业通过校企联合参与学院教学的重要意义，积极谋划与学院的互动。感谢学院教学团队的老师锐意进取的教学改革，2021 年我们终于等到了这个意义非凡的探索校企合作的机会——"建筑设计Ⅲ"。这门课是建筑学专业硕士研究生一年级课程的全新升级改版，我非常有幸作为企业的代表与学院老师们共同策划课程，组织企业导师完成课程教学。

　　什么样的题目从教与学两方面都值得去尝试呢？从企业的角度出发，我们可以贡献有价值的真题案例，并将其抽象、提升、融入教案，成为课程设计的重要指引。

2021/2022 年的上海棋院项目——基于中心城区高密度环境的公共建筑，2023 年的澄衷中学项目——基于上海老城区城市更新背景的基础教育建筑，这两个项目被精心挑选为课程设计的题目，突出了产教融合中建筑学教育的实践价值。

年轻的企业导师组队参与教学同样具有创新突破的意义。建筑设计不是呈现某个抽象的灵感，大量优秀设计的形成过程中包含逻辑、推演、比选等诸多可学习的方法，需要控制的各类技术边界也会成为方案诞生之路上的助力。为了让课程丰富立体且贴近实操，由优秀的建筑设计导师配合专职教师带班，他们凭借从方案到实施的丰富经验为教学赋予了高度专业性；企业的结构和机电专业导师的加入，还为课程带来了跨学科知识体系的加持。同时，对于企业导师团队来说，用一学期的时间与在校学生平等而深入地探讨每一份课程设计，也是非常难得的宝贵机会。他们在课堂中鼓励学生跳出边界、大胆思考，在多元的视角和观点碰撞中逐渐辨析设计的本源。如何向学生解释设计的"知其然，知其所以然"成为了老师们需要学习的新领域，这一教学过程对设计院的企业导师来说，是多年实践后回望校园，再次获得创作灵感和职业热情的契机，因而也获得了企业导师们的大力支持。

2021 年启动的校企联合模式合作教学课程所取得的成果，让我们更加坚定地和学院一起推进这项事业。随着建筑行业产教融合深度发展，我们期待未来的课程设计和教学模式可以融入更多前沿技术的研究和应用，期待学科交叉带来更丰富的技术与方法，期待伴随着绿色可持续设计、交互体验场景创造、数字化智能设计等专项技能的培养，建筑学的教育可以更加丰富而有趣，也期待能让当下行业面临的设计挑战与教学之间的联系更加紧密。

同济大学建筑设计研究院（集团）有限公司
副总裁、副总建筑师、教授级高级工程师

# 序 言
FOREWORD

## IV

## 从本硕贯通到分类培养

本硕贯通和分类培养是近 15 年来同济大学建筑学专业培养体系改革的两个关键动作，并由此带来了课程体系、师资队伍、教学模式等方面的一系列改革措施。其中，建筑学硕士培养中的"建筑设计Ⅲ"是新的培养体系构建中的重点建设课程。

本硕贯通的出发点在于厘清本、硕两个阶段的培养目标和教学重点，使两个阶段层级递进，从而提升专业人才培养的出口规格，避免重复、低效的训练。我们提出，在本硕贯通的体系里，建筑学本科教学应当聚焦"专业通识"培养，注重创新素质和专业眼界的建构，而建筑学硕士则成为专业培养的主要出口。

在硕士培养阶段，为不同学位类型、不同研究方向、不同来源的学生制定差异化的学习计划，是本硕贯通、层级递进的体系发挥作用的关键。这种差异化的教学，体现为学术型学位和专业型学位的培养特征的明显不同。其中，专业型学位也就是建筑学硕士（M.Arch），强调高强度的设计训练。具体而言，建筑学硕士对于设计训练的强化，首先是从数量上将原先的一个设计训练环节（专题设计）大幅增加为三个必修环节，包括一个聚焦深度的"建筑设计Ⅲ"、一个聚焦宽度的"专题设计Ⅳ"和一篇设计研究型学位论文。从本、研培养的层级递进关系而言，从本科的"建筑设计Ⅰ""建筑设计Ⅱ"到硕士研究生阶段的"建筑设计Ⅲ"，设计对象的规模、复杂性逐步提升。到了"建筑设计Ⅲ"，课程尤其注重培养学生对真实、复杂问题进行思考、综合和深化的能力。

校内校外联动、引入优秀实践建筑师参与设计教学，是国际一流院校办学的成功经验。在保证体系性的训练目标得以贯彻的前提下，实践建筑师带来的新的教学内容和指导方式对学生学习有较为显著的推动，反过来又促进对既有教学模式的反思和改进。近年来，结合"建筑设计"课程系列教学，内外联动的设计教学队伍建设得到了进一步拓展。以教育部产学合作协同育人项目为契机，来自同济大学建筑设计研究院（集团）有限公司的一批中青年技术骨干加盟了研究生"建筑设计 III"的设计教学。在每年的教学中，来自设计院的 6 位建筑师、1 位结构工程师和 1 位设备工程师与学校的 6 位全职教师配合，组成 6 个设计指导小组，共同开展教学。从教学成果上看，较好地体现了"建筑设计"课程系列的教学初衷。

当下，建筑学学科、建筑学专业，乃至整个建筑行业正在面临前所未有的危机。变化是常态，所有学科和专业的发展总是处在不断变化的外部环境之中，只不过这一次的变化和挑战来得尤其剧烈。面对变化与挑战，怨天尤人、固步自封甚至抱残守缺是没有意义的，建筑学教学也应当在发展中主动解决因行业变化而带来的问题。回顾同济大学建筑学专业过去以 5 年为阶段、为期 15 年的人才培养持续探索改革的历程，所有的调整和创新都基于两点：一是对外部环境的变化与挑战的主动回应，二是对培养规律和模式的自我反思与批判。当两者产生耦合共振的时候，对于外部环境的变化就不再是被动应付，而是因势利导，从而能激发积极、深入且系统的改革。

当然，改革也需要主动借力，通过充分整合学科、行业、专业的资源和力量，通过共同思考和协同努力来解决问题。所以，在《上海棋院的平行世界》即将出版之际，感谢同济大学建筑设计研究院（集团）有限公司对建筑系人才培养的持续大力支持，也要感谢学院提供的开放和鼓励教学创新的机制，让一系列新的尝试成为可能。

同济大学建筑与城市规划学院
建筑系系主任

# 序 言
FOREWORD

## V

## 实验的边界

  "上海棋院"作为同济大学建筑学专业研究生一年级的"建筑设计Ⅲ"课程题目已经进行了两届，课程实行了学院＋企业导师双负责制的模式，这无疑是非常有益的创新，也是同济大学与建筑设计研究院校企合作的重要举措之一。作为工程，上海棋院的设计始于2010年，因为各种原因，6年之后项目才落成，又有幸在6年之后被选为课程设计的题目。这是一次有趣的体验，十几年之后，它给了我重新回望和反思这个设计的契机，让我完成了一次作为旁观者的自我观照，更有意义的是借此机会重新审视建筑学教育和实践之间的逻辑价值。

  设置这个课程题目的意义，在于希望学生能在踏入社会之前检查自己的综合设计能力和水平。众所周知，建筑学教育在当今受到广泛的讨论。在我看来，建筑学教育需要避免两种状况：既不能满足于只在纸上思考，也不能陷于仅仅培养实用主义的职业建筑师——尽管有人认为这是所谓的"底线"。建筑学教育应该在设计中发现关键问题，并尝试用建筑学的策略创造性地将其解决。这种问题包括建筑本体的营造问题，更包括复杂的社会问题。"上海棋院"的设计提供了一个恰如其分的机会，让学生检视自己的综合设计能力，即面对一个有一定复杂度的项目，运用专业的眼光去发现问题，并大胆而不失真实性地将其解决。棋院位于上海市中心高密度城区，周边环境复杂，生活场景混杂多元，这些条件都为设计预设了足够的难度，同时也暗示了足够多的可能性。虽然项目是现实存在的，但我依然希望这个课程具有探索性，而不是所谓的真题真做，变成职业建筑师的预演。在这里，我愿意称之为一种"实验的边界探索"，边界的其中一重含义就是现实——将实验性的设计放到现实的语境中考量，探讨思考的广度和深度，超越当下并创造新的现实。同时，运用专业的语言和技术手段，使得设计在现实中的落地成为可能，而不仅仅停留在文本中。这也是课程的另一个关注点，即对建筑营造策略和技术的重视，也是边界的第二重含义，即技术的边界——实验不是虚无缥缈，需要在技术的范畴里得到自立的基石。

  令人欣慰的是，在两期课程共 200 多份作业中，我们有幸看到不少富有创见的思考和探索，尤其是在一些设计中看到了设计者对城市和社会问题的关注，看到了他们回应现实并敢于超越的信心，展现了不错的技术水准。课程的另一个意义在于，作为学院与企业合作的成功举措，让从事具体实践的建筑师有机会重新审视和思考建筑学的一些基本问题，避免其不自觉地落入实用主义的窠臼，这同样具有一种反思的价值。

同济大学建筑设计研究院（集团）有限公司
副总裁、集团总建筑师、教授级高级工程师

# 序 言
FOREWORD

VI

　　这是一次让师生双方都倍感受益的教学实践。

　　一方面，作为导师的我们，是身处设计市场前沿的从业建筑师，正最直接地感受着这个行业所发生的巨大变革，目睹着近年进入这个行业年轻人的普遍倾向。另一方面，日益严苛的市场环境迫切需要能即时投入工作状态的建筑师。最传统的建筑教育曾构建起成熟的培养体系，通过本科教育便可培养出能基本适应终生从业的建筑师；21世纪初若干年的改革拆解了旧的体系，却未能完全搭建起针对实践型建筑师的新的教育培养架构。随着高等教育扩大招生，这一类型的硕士研究生教育亟待由传统的理论研究型转为专业实践型。但更多的实际教学还在因循传统模式，仅将理论提升作为教育重点，或是提倡创造性思维，相应弱化了实践技术技能的提升，因而不能满足面对迅捷变化的市场实践而产生的新型技术技能需求。以上这些，都是身处设计院的我们相对更为关注的问题。

　　这些问题同样表现为学生心底的疑惑，只是他们面对的困扰会更多。扩招带来的流动性促进了不同学校、不同专业背景的学生在同一个新的平台展开新的学习，但这也暴露出各自基础知识与基本技能的长短不一，甚至在某些状态下相互矛盾。近年来，设计市场的显著变化使学生感到茫然甚至恐慌，未来从业的不确定性也令他们难以安心求学做事，而近几年人工智能等新技术的使用又让某些学生对于现实中的设计方法心存疑惑。这些都表现为进入设计单位后他们工作中普遍存在的一些现象，如设计方案的形成与演进缺乏符合现实的逻辑支撑，对于某些半生不熟的时新理论、抽象概念表现出较强的依赖，设计各阶段都过分强调缺少理性依据的所谓"灵感"，等等。

　　近年来，同济设计院与同济大学建筑学专业尝试硕士研究生联合教学，试图找到解决上述问题的方法。过去两年，我们选取了在城市中心高密度区域的"上海棋院"项目，作为同济大学建筑学专业硕士研究生校企联合设计教学探索的题目，为所有参与的学生和教师带来了诸多思考。在这次教学探索中,课程专门配备具有资深实践经验与理论素养的优秀建筑师,协同结构与设备工程师,强化设计教学中的深度与专业度,并且将相对单一的学院教学方式转变为更贴合实践的多元综合训练场景。而教学中穿插的企业导师专题讲座,又将实践所得巩固为更系统的理性技能。面对市场服务所需,教学中也强调成果导向,并依据设计实践的客观需要制订相应的环节,以阶段性成果作为设计过程的评价依据。更为重要的是,在整个过程中,通过实践建筑师日常的言传身教,启发学生自主探索设计对策的兴趣;尤其是面对课堂上未曾遇到的新问题,更要利用不同资源从不同角度寻求解决方案,在此过程中构建起自主学习的机制。同时,对于传统教学中某些优秀的传统,如手绘草图与制作实体模型等,不仅需要保留,还应通过结合新的技术手段,使其得到进一步强化,让它们在当代技术条件下焕发出新的生命力。

  在这个过程中,我们得以深层次地接触学生、影响学生以至培养学生,对学生这个群体有了更全面的认识。这次教学尝试针对不同背景学生所受教育的不足,以实践的方式有针对性地予以弥补,通过紧贴现场的设计方法,强化技术与规范要求,借助设计企业的实践优势,更有说服力地弥补传统教学中的某些缺失,从而协助学院搭建更具现实活力的教学平台。课程让学生在象牙塔提前感到"真刀真枪"的市场,以实践的方式回应他们心底的一些矛盾,以真实的工作情境化解他们的茫然与疑虑,也许他们能更脚踏实地地面对现实与未来。作为奖励机制,设计院考虑优先录用在此过程中显现出更强实践能力的优秀学生——这不仅优化了企业人才选聘机制,以更高的效率录用人才,而且为学生的就业提供了相对稳定的渠道,使他们能更踏实地面对日常学业。

  当然,任何事情都不可能一蹴而就,短暂的过程未必能够完全解决目前的问题。只不过我们希望少一些举棋不定,以自己最积极的行动引领同学们投入实践,勇敢地尝试破局。

同济大学建筑设计研究院(集团)有限公司
集团副总建筑师、设计一院总建筑师、教授级高级工程师

# 2

## 课程选题
CURRICULUM & INTRODUCTION

上海市中心城区高密度环境下的建筑设计——上海棋院项目　　　　　　　　　　　　　　教育部产学合作协同育人项目

022　　课程任务书　COURSE ASSIGNMENT
032　　统一透视角度　PERSPECTIVE VIEW
033　　地形图　SITE PLAN

# 课程任务书
COURSE ASSIGNMENT

## 建筑学专业硕士研究生"建筑设计 Ⅲ"课程任务书

### 一、教学目的

基于建筑学专业学位研究生前序建筑设计课程,进一步训练学生在真实的城市语境和环境下具有一定深度的系统化、专门化、职业化的建筑设计思维和方法;提高学生针对设计任务提出问题、研究问题、解决问题的能力,以及自主学习、实践创新、技术整合的能力。

### 二、课程面向专业

建筑学专业学位硕士研究生(必修)、学术学位硕士研究生(选修)。

### 三、前序课程要求

要求参与课程的学生已学习同济大学本科专业学习阶段的"建筑设计Ⅰ""建筑设计Ⅱ"或同等标准的其他本科阶段的建筑设计课程。

### 四、能力培养与人格养成教育

围绕同济大学建筑学专业既定的"知识、能力、人格"培养标准,结合实际教学内容,本课程以探索性实验教学为主线,将知识点融入实验体系。学生通过协同合作完成调研环节,在掌握相关专业知识的同时,建立逻辑思维,培养发现、分析、解决问题,现场工作、组织、管理,以及自主学习与研究和表达与交流的能力。教学实验环节还将促进学生养成孜孜以求、勇于探索、信念坚定、独立思考、注重协作等全面、健康的人格。本次教学的主要实施方法为:系统训练,成果导向,自主学习,过程考核。

## 五、课程基本要求

要求学生以阶段化成果推进方式,独立完成建筑设计的环境与基地调研、案例分析、方案设计和设计成果深化,理解并实践在城市环境中,城市空间和场地、建筑的基本设计原则、设计方法、细部处理方法、技术与规范要求,体验具有一定深度的建筑设计工作过程。

## 六、课程内容

题目:上海市中心城区高密度环境下的建筑设计——上海棋院项目。

### (一)任务概况

对上海棋牌院地块场地和建筑进行重建设计。

项目基地位于南京西路 595 号,东至社会体育管理中心、静安区社区学院南西分院及住宅,南至居民住宅,西至广电大厦,北至南京西路。地块街道尺度、建筑类型丰富,具有典型的上海街道氛围(详见第 33 页地形图)。

设计目标是探求当代城市空间与场地设计、建筑设计策略,通过建筑与外部空间组织,营造与基地周边文化语境、城市环境和既有建筑相适应的空间关系。

整合建筑结构、功能、形态、技术、构造与材料等要素,重塑上海棋院场地与建筑,提供服务于全市棋牌事业的城市级公共建筑设施;运用合理的技术手段,创造满足基本建筑规范和深度要求的当代建筑。倡导并鼓励采取节能和绿色建筑措施设计建造。

建筑设计要求对功能和流线进行合理安排。要求设计内容包括:结构选型设计;防火分区与疏散设计;高大空间的防排烟设计;注意材料选型,主要立面采用幕墙体系(非涂料),主要立面的纵剖面及其构造细部设计;无障碍设计;等等。

### (二)主要指标和控制要求

总用地面积:6002 $m^2$;

总建筑面积:10 300 $m^2$( ±10%,含地上面积 7000 $m^2$,地下面积 3300 $m^2$);

建筑高度:≤ 24 m,设地下一层;

地下车库（位）：40个；

地面临时停车位：2个大型停车位，60个自行车位；

建筑退距：地上建筑物的离界间距，退南京西路3 m，退其余用地红线5 m；地下建筑物的离界间距，不小于地下建筑物深度（自室外地面至地下建筑物底板底部的距离）的0.7倍；

建筑密度：根据基地与环境调研自定。

### （三）功能计划及指标

建筑功能分为四个部分：比赛部分、训练教学部分、对外开放公共活动部分，以及其他配套设施部分。其中：

比赛部分是建筑的核心功能，为举办高规格赛事提供使用场地和功能设施，并提供多媒体转播与观赛场地。

训练教学部分包括专业训练用房、教学科研用房、食堂和管理用房，为运动员提供日常专业训练与研究的场地，并为管理编制人员提供日常办公的场所。

对外开放公共活动部分包含演播厅、图书阅览室与历史展示等服务功能。

其他配套设施部分包含相应的变电所、消防控制室、配电间、电梯间、公共卫生间、地下停车库（位）等配套设施。

具体功能配置如下：

1. 比赛部分

（1）多功能比赛大厅（无柱空间）500 $m^2$（层高不小于8 m，另设休息前厅250 $m^2$）；

（2）观赛厅180 $m^2$（含控制室15 $m^2$，阶梯形座位，设置大屏幕，为现代化观赛厅，提供高级别棋牌赛事现场观摩，兼作阶梯式报告厅）；

（3）决赛对局室40 $m^2$；

（4）裁判休息室40 $m^2$（靠近比赛大厅）；

（5）运动员休息室80 $m^2$（为运动员比赛等候休息区域，平时可用作训练场地，也可作为广大棋牌爱好者学习与交流的场所）；

（6）贵宾休息室 40 m²（靠近入口或比赛大厅）；

（7）媒体工作区 220 m²（含讲解室 2×70 m²、媒体休息室 30 m²、一间媒体工作间 50 m²，为媒体工作及休息区域，平时可用作训练场地，也可作为广大棋牌爱好者学习与交流的场所）。

2. 训练教学部分

（1）专业训练用房 9×40 m²（为专业训练用房，设人机对局设备）；

（2）体能训练用房 250 m²（含休息用房 50 m²，为各运动队共用的日常体能训练用房）；

（3）教学与科研用房 4×30 m²（为科学研究和技术研究教学用房）；

（4）训练休息室 5×30 m²（内部设置卫生间）；

（5）食堂 350 m²（含厨房 150 m²，为运动员餐厅和职工餐厅）；

（6）管理用房 7×40 m²（为管理编制人员提供日常办公、业务会议用房）。

3. 对外开放公共活动部分

（1）棋牌文化展示馆 450 m²（多功能展示馆，可兼作第二比赛厅，也可作为社区体育设施）；

（2）棋牌历史演示厅 120 m²（展示古谱、名谱、棋牌中心荣誉证书等）；

（3）棋牌图书阅览室 240 m²（供广大爱好者阅览棋牌相关书籍、开展棋牌交流）；

（4）咖啡厅（简餐）120 m²；

（5）纪念品商店 60 m²。

4. 其他配套设施部分

（1）变配电室 150 m²（布置于首层），配电间：8~10 m²/个（按防火分区布置，分布于各层）；

（2）消防控制中心 50 m²（可布置于首层或地下一层，但必须设直通室外的安全出口）；

（3）消防水池和变频泵房根据建筑规模计算确定（消防水泵房必须设直通室外的安全出口）；

（4）空调采用 VRV 系统，用房及设备根据调研设置，VRV 需考虑室外设备平台；

（5）垃圾房 15 m²；

（6）门卫与值班室 15 m²；

（7）网络设备间 30 m²；

（8）（至少）客用电梯 2 个，货梯 1 个；

（9）储藏室 2×35 m²；

（10）门厅、公共卫生间、楼梯根据设计自定；

（11）地下室除设置停车、设备之外，可根据调研结果自行策划对外开放的商业等公共功能。

注：除上述规定功能用房及数量外，以上列出的面积指标仅供参考，可根据方案适当调整深化，其余未尽功能用房及其面积根据相关规范规定酌情增加。

## （四）终期设计成果要求

1. 建筑设计及技术图纸

（1）区位图、图底关系图（即黑白图）；

（2）总平面图（1:500），含有各项经济技术指标；

（3）各层平面图（1:150）、立面图（1:150，4 个）、剖面图（1:150，至少 2 个）；平、立、剖面图要求标 3 道尺寸、轴号、标高、房间名称及面积等（平面内部尺寸不要求，门窗编号不要求）；一层平面要带有环境设计，注意区分硬质铺地、车道、草坪等不同材质；

（4）防火分区与疏散图（1:500）；

（5）主要立面需采用幕墙系统（非涂料）；与立面设计密切相关的墙身大样图（与剖切部分的立面拼合在一起）（1:30）；与立面设计密切相关的典型节点详图（非通用节点）（1:10~1:5）；

（6）总体空间设计分析图、其他表达设计意图的分析图；

（7）实体模型照片（若干），此为重点；

（8）统一视角彩色表现图（表现材质色彩与肌理，采用日景，非夜景，必选），室内透视图（彩图，可选）；

（9）结构难点解析图，结构整体三维电子模型轴测图和结构局部难点电子模型轴测放大图（任选其一即可），详见结构导师要求；

（10）高大空间及中庭如选择自然排烟，需在剖面或立面图上表示排烟窗位置和大小，如选择机械排烟，需绘制平面设备路由图（1:500），两种排烟方式任选其一绘制即可，详见设备范例。

2. 实体模型

（1）总体设计模型（1:500）；

（2）建筑单体模型（1:150）。

3. 表现形式

（1）以上所有图纸除统一视角表现图（必选）和室内透视图（可选）以外，均为黑白灰表现，其余三维信息均由实体模型的黑白照片呈现；

（2）成果着重平面、立面、剖面图及实体模型，成果中不得出现其他以表现为目的的透视图和计算机建模模型；

（3）分析图均采用黑白表现并应配有相应图例，其中，结构或物理环境验算等软件生成的分析图可使用色彩；

（4）实体模型主体材料不超过两种，黑白或单色表现。

4. 各阶段成果要求

见各阶段进度表中设计要求，各阶段成果统一排版，全套成图。

## 七、评价与考核

1. 严格考勤，按 10% 计入最终成绩，无故缺课 1/3 者须重修；

2. 每周轮值完成阶段设计成果汇报、讨论与指导；

3. 第 5 周、第 11 周共安排 2 次完整的班级评图（含汇报），依据阶段成果质量评定成绩，2 次评图各占总成绩的 10%；

4. 第 8 周中期汇报与评图，完成方案阶段全套内容，指导老师错班评图，依据阶段成果质量评定成绩，占总成绩的 30%；

5. 最终班级汇报与评图，拟请企业导师设计团队参与，依据设计成果呈现出的设计能力综合评定成绩，占总成绩的 40%；

6. 每班的 2 份优秀作业参加最终年级交流评图，并参加作业成果展（拟在同济设计院进行）。

## 八、学时分配与各阶段设计要求（以 2022 年为例）

| 教学周 | 课程内容 | 教学与成果要求 | 占总成绩百分比 |
|---|---|---|---|
| 1<br>9月14日 | 8:00–10:40<br>钟庭报告厅<br>课题介绍 | 1. 领导发言；<br>2. 课程及师资介绍，企业导师颁证仪式；<br>3. 企业导师报告会，每人 10~15 分钟；<br>4. 任务书发布，课程与设计阶段成果介绍；<br>5. 分班情况。 | |
| | 11:00–11:40 | 参观上一期作业展。 | |
| 2<br>9月21日 | 8:00–11:40<br>班级专业课教室<br>阶段汇报 1<br>场地与环境调研、案例研究汇报（小组汇报） | 设计汇报，设计指导<br>1. 小组汇报、调研均要求提出问题和结论；<br>2. 内容包括但不限于：基地区位、环境（区域、街道与广场等公共空间、交通、景观、社会环境等）；用基地模型、图底关系图进行城市空间分析与研究；<br>3. 设计案例研究（要求有具体研究问题与结论）。 | |
| 3<br>9月28日 | 8:00–9:40<br>班级专业课教室<br>阶段汇报 2 | 1. 设计概念汇报，包括结构选型和设备设想；<br>2. 提出设计中的主要研究问题及拟采用的方法和策略；<br>3. 多方案比较，提出有针对性的应对基地环境的概念设计；<br>成果：草模（总体体块模型带周边），草图（总体 1:500，单体 1:300）。 | |
| | 10:00–11:40<br>钟庭报告厅 | 讲座：建筑结构选型与形式（张峥）<br>建筑设备（张华） | |
| 4<br>10月12日 | 8:00–11:40<br>班级专业课教室<br>阶段汇报 3 | 设计指导，概念深化设计，包括结构与设备设计<br>1. 对选定的概念设计方案进行深化，提出城市空间和场地设计方案，包括：图底关系图，建筑设计应对环境的策略，设计采用的方法，提出建筑设计方案等；<br>2. 轮值汇报，成果：工作模型（总体 1:500，单体 1:200）；草图：平面图（1:200）、分析图等。 | |
| 5<br>10月19日 | 8:00–11:40<br>班级专业课教室<br>阶段汇报评定 | 过程成果汇报评图<br>1. 按照任务书要求完成主要设计，成果：图纸为黑白草图，包括总图（1:500），单体平面图、立面图、剖面图（1:200），总体模型（1:500），单体工作模型（1:200）；<br>2. 分班汇报评图，给出成绩。 | 10% |

| 教学周 | 课程内容 | 教学与成果要求 | 占总成绩百分比 |
|---|---|---|---|
| 6<br>10月26日 | 8:00–11:40<br>班级专业课教室<br>阶段汇报4 | 设计指导，方案设计<br>1. 根据汇报意见提出设计修改和深化方案，包括平立剖图纸（1:200）和工作模型（1:200）；<br>2. 轮值汇报，讲评。 | |
| 7<br>11月2日 | 8:00–11:40<br>班级专业课教室<br>阶段汇报5 | 设计指导，方案设计<br>1. 根据汇报意见提出设计修改和深化方案，包括平立剖图纸（1:200）和工作模型（1:200）；<br>2. 轮值汇报，讲评。 | |
| 8<br>11月9日 | 8:00–11:40<br>班级专业课教室<br>中期成果汇报评定 | 中期成果评图（错班评图）<br>班级汇报，评图，给出成绩，包括：<br>1. 总平面图（1:500），经济技术指标；<br>2. 平立剖面图（1:200），建筑方案模型（1:200）；<br>3. A1黑白图纸表现，体现设计意图的分析图等；<br>4. 统一视点透视图（必选）、室内透视图（可选）。 | 30% |
| 9<br>11月16日 | 8:00–9:40<br>钟庭报告厅 | 讲座：建筑深化与细部设计（文小琴） | |
| | 10:00–11:40<br>班级专业课教室 | 1. 布置深化设计和技术设计任务，提出修改方案；<br>2. 按照评图意见提出修改方案：平立剖面图（1:150），工作模型（1:150）。 | |
| 10<br>11月23日 | 8:00–11:40<br>班级专业课教室<br>阶段汇报6 | 设计指导，深化设计<br>1. 根据中期汇报提出设计深化方案，着重于技术层面，包括平立剖图纸深化草图（1:150）和防火、结构与材料、构造等技术问题的提出及解决方案，制作草图与工作模型（比例自定）；<br>2. 分组个人轮值汇报。 | |
| 11<br>11月30日 | 8:00–11:40<br>班级专业课教室<br>阶段汇报评定 | 过程成果汇报评图<br>1. 按照任务书要求完成阶段设计成果，图纸为黑白图：总图（1:500），平面图、立面图、剖面图（1:150），墙身大样草图（1:30），节点设计草图（1:10）；总体模型（1:500）；单体工作模型1:150；<br>2. 班级阶段汇报。 | 10% |
| 12<br>12月7日 | 8:00–11:40<br>班级专业课教室<br>阶段汇报7 | 设计指导，深化设计<br>1. 根据上轮阶段汇报提出的问题进一步修改，完成草图绘制：总图（1:500），平面图、立面图、剖面图（1:150），墙身大样带立面（1:30），节点详图（1:10~1:5），总体模型（1:500），单体模型（1:150）；<br>2. 防火分区与疏散图；<br>3. 轮值汇报。 | |

| 教学周 | 课程内容 | 教学与成果要求 | 占总成绩百分比 |
|---|---|---|---|
| 13<br>12月14日 | 8:00–11:40<br>班级专业课教室<br>设计深化成果制作 | 设计指导，答疑<br>完善设计成果，成果制作。 | |
| 14<br>12月21日 | 8:00–11:40<br>班级专业课教室<br>设计深化成果制作 | 设计指导，答疑<br>完善设计成果，成果制作。 | |
| 15<br>12月28日 | 8:00–11:40<br>班级专业课教室<br>设计成果提交，评图，成绩评定 | 最终评图（企业导师设计团队参与）<br>1. 按照任务书要求完成全套设计成果；<br>2. 班级汇报（外请嘉宾参与评图）。 | 40% |
| 16<br>1月4日 | 8:00–11:40<br>同济设计院<br>设计成果汇报讲评<br>成果提交、归档、展览 | 1. 各班选出2名学生汇报成果，特约评图嘉宾讲评；<br>2. 各班选出4名同学参加优秀作业展，并可获得同济设计院2025年校招免试特招卡；<br>3. 电子文件、模型及照片等全部设计文件归档、展览。<br>同时同济设计院优秀作业展览开幕。 | |

注：1. 课程周期为秋季学期，共17周，每周三上午第1~4节（8:00—11:40）。
2. 大课在钟庭报告厅，各班在B楼二楼专业课教室上课。
3. 期末设计成果汇报及优秀作业展在同济设计院举行。
4. 每班分数较低的2份作业进行专家组公开评议决定是否给予不及格，最终不及格者须重修。

## 九、所适用的主要现行国家设计规范、标准、规程、图集

《民用建筑设计统一标准》（GB 50352-2019）

《建筑设计防火规范（2018年版）》（GB 50016-2014）

《建筑设计防火规范》图示（18J811-1）

《建筑工程建筑面积计算规范》（GB/T 50353-2013）

《办公建筑设计标准》（JGJ/T 67-2019）

《车库建筑设计规范》（JGJ 100-2015）

《汽车库、修车库、停车场设计防火规范》（GB 50067-2014）

《公共建筑节能设计标准》（GB 50189-2015）

《建筑与市政工程无障碍通用规范》（GB 55019-2021）

《无障碍设计规范》（GB 50763-2012）

《建筑防烟排烟系统技术标准》（GB 51251-2017）

《建筑玻璃应用技术规程》（JGJ 113-2015）

**上海市设计规范、标准及技术规定**

《上海市城市规划管理技术规定》（2011年修订版）

《上海市建筑幕墙工程技术标准》（DG/TJ 08-56-2019）

《上海市建筑工程交通设计及停车库（场）设置标准》（DG/TJ 08-7-2021）

《上海市屋顶绿化技术规范》（DB31/T 493-2020）

《上海市公共建筑节能设计标准》（DG/TJ 08-107-2015）

## 统一透视角度
PERSPECTIVE VIEW

此课程设计要求学生用统一视角呈现效果图（两个视角任选其一）。

课程选题　CURRICULUM & INTRODUCTION　　　　　　　　　　　　　　　　　　　　　　　　　　　　　　／033

# 地形图
## SITE PLAN

N　0 5 15 30　60(m)

上海市测绘院（2008 版）

# 3

## 学生作业精选
DIVERSE POSSIBILITIES

2021—2022

㊕ 学生

㊐ 企业导师
㊢ 专职教师
㊧ 结构导师
㊨ 设备导师

## 2021

036　二义边界　袁崧浩
042　DIALOGUE　徐凌芷
048　城市棋院　崔展华
054　重檐·棋院　朱卓群
060　重塑消失的街道　李德涵
066　曲水流思　王璐瑶
072　享·界·间　孙凡清
078　檐下彼方　毛珂捷
084　"筒"间棋院　张涵琪
090　共弈，共享　丁明琦
096　基于历史文脉的棋院园林式重塑　闫瑾
102　覆叠·棋间　王雨晴

## 2022

108　盒中棋院　陈晴
114　院　苏鹏鑫
120　方圆　沈一飞
128　层台叠院　徐啸晨
134　同檐·弈场　尹泽诚
142　他山之石　舒晓瑜
150　都市峡谷　张学硕
156　弈气·异院　芮典
164　游园惊梦　张雯萍
170　从博弈到共享　张志豪
176　以棋会友　李婷婷
182　林中弈　余悠然

# 二义边界

学生 / 袁崧浩（2021级）学
导师 / 文小琴 企
　　　王志军 校

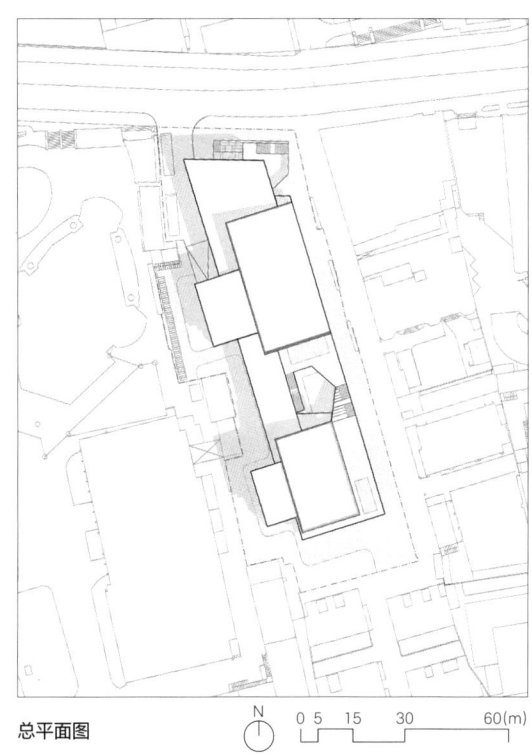

总平面图

## 设计简介

本设计主要讨论了两种意义上的边界问题。从城市设计的角度上，方案讨论了城市与社区的边界问题。方案以"中介"(in-between) 为基本策略，利用城市广场、过渡街道与衍生商业、社区开放空间等公共性程度不同的空间完成了从城市主街到私密领域的公共性过渡。在建筑设计尺度上，方案讨论第二个边界问题，即业余与专业的边界。方案采用"啮合"(interlocking)的基本策略，首先基于公共性的差异分离了私密的训练"黑盒子"与公共的业余"白盒子"，再提取了任务书中的两个重要功能作为将"黑白盒子"进行啮合的抓手：专业进入业余视野场景的公共比赛，以及业余进入专业领域的阅览教学。方案将这两个功能作为"黑盒子"穿插转折的线索，并借助抬起大尺度功能空间、打开开放空间视线通廊等设计手法，完成了建筑空间的一体性塑造。

／037

对于本学期建筑设计课程引入企业导师这一创新举措，我认为在建筑师的职业化培养上是有效且必要的。这一举措为学生提供了一个宝贵的机会，使我们能够直接接触到来自设计院的有丰富实践经验的建筑设计师。同时，我们也深入了解到在实际设计工程项目中需要关注的现实问题、可能遇到的阻碍，以及这些要素对方案产生的影响。这些体验对于从学生身份向职业建筑师的转化过程是非常宝贵的。我坚信，这种教学方式将对我们未来的学习和职业发展产生深远的影响。

## 边界

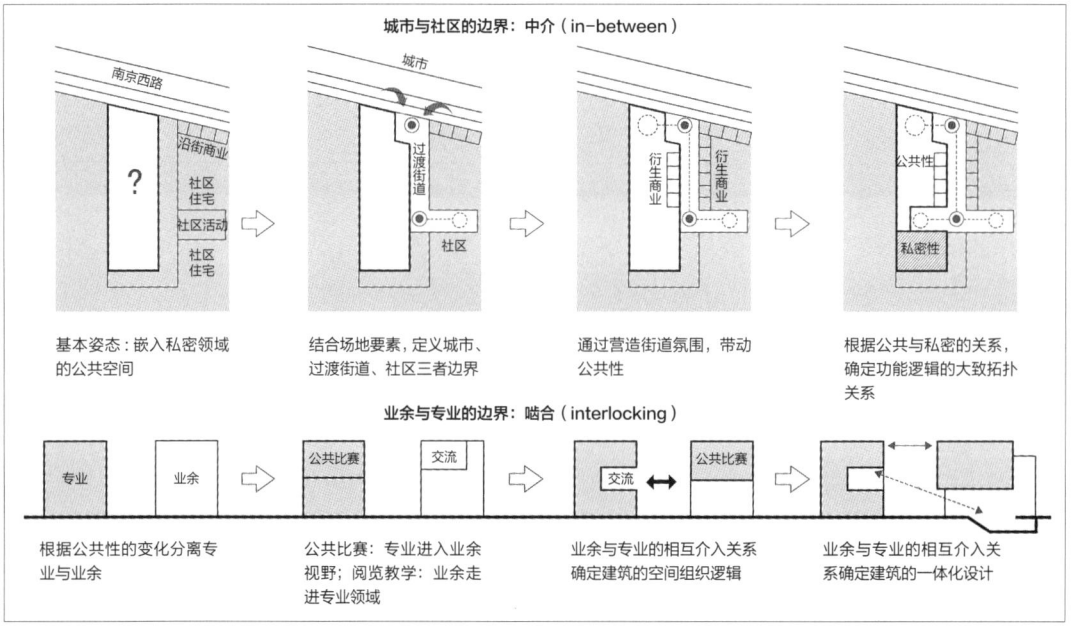

模型展示

学生作业精选  DIVERSE POSSIBILITIES

🏠 **文小琴**　袁崧浩同学的作业有意识地直面边界，并且检选出虚实两个边界，分别以"中介"和"啮合"来定义它们，并以建筑语言将相关特征固化。

界面操作下的公私渗透

### 校

**王志军** 设计用"城市与社区""专业与业余"两种"媒介"作为出发点,建筑体量在"盒子"的堆叠中找到回应设计概念的逻辑。在高密度的中心城区环境中,使用下沉广场、架空层、庭院、街道式广场以及主动的界面设计,为社区和城市的不同人群提供有活力的生活场所。

建筑的流线组织较为简洁,在与场地吻合的"廊式基准体"上将不同体积的功能块交错重组。其中,架空的临街体量因观演空间的倾斜坐席区而随之变异,为城市街道空间展示了一个具有动感的实体形象。同时,下面的架空部分利用阶梯将"廊式基准体"引入。

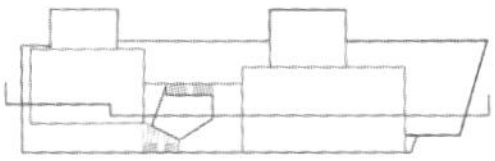

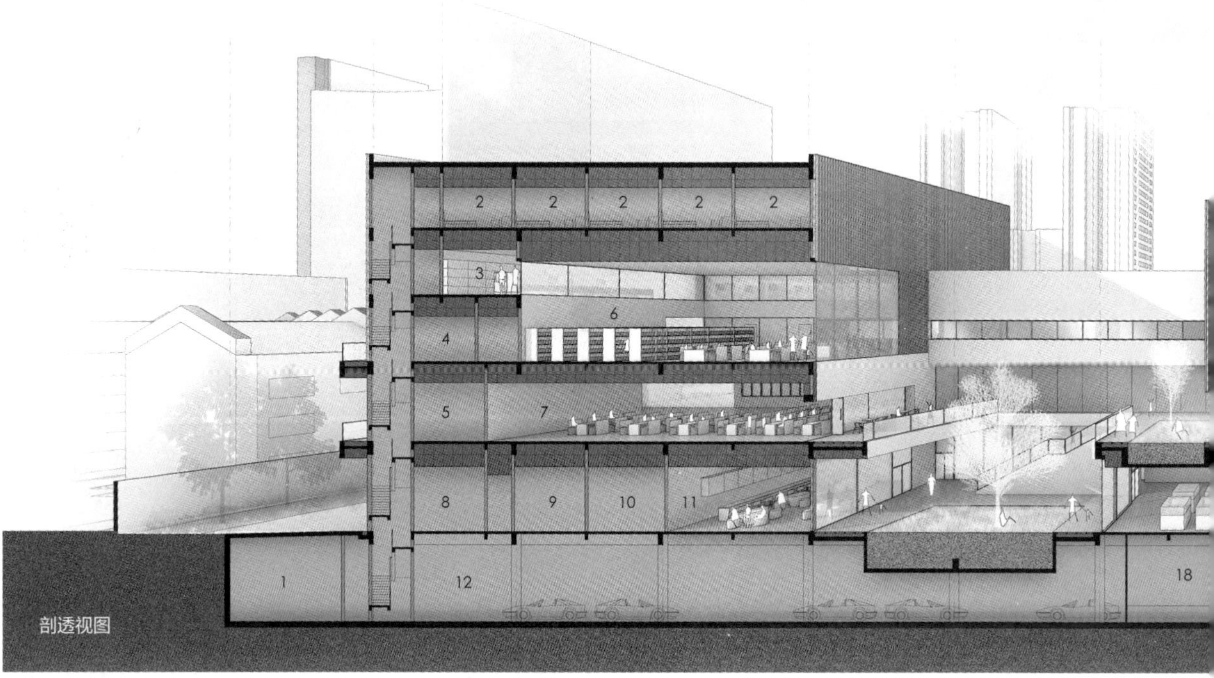

剖透视图

1. 三层：阅览 & 教学
2. 教室
3. 沙龙
4. 交流
5. 二层、三层：休息前厅
6. 二层：媒体
7. 二层：城市棋牌文化展示
8. 一层：社区活动
9. 三层：观赛厅

模型展示

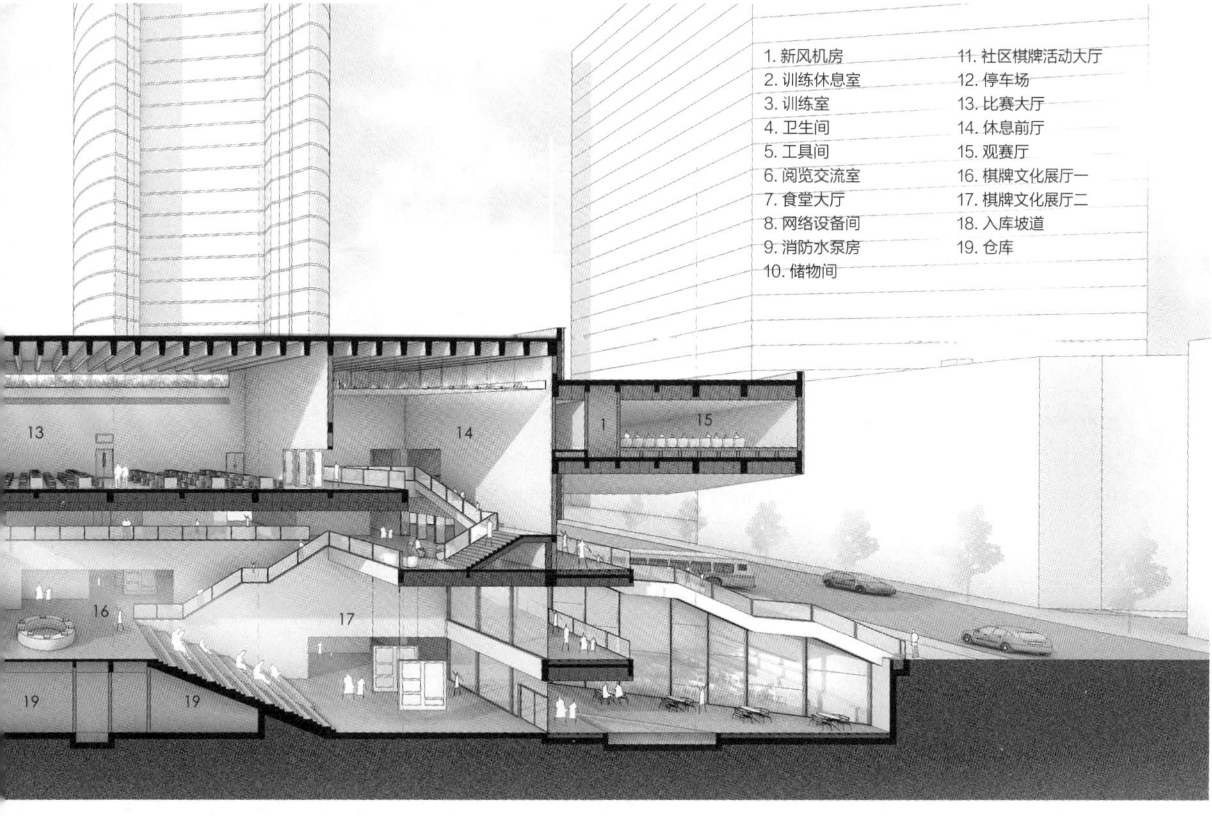

1. 新风机房
2. 训练休息室
3. 训练室
4. 卫生间
5. 工具间
6. 阅览交流室
7. 食堂大厅
8. 网络设备间
9. 消防水泵房
10. 储物间
11. 社区棋牌活动大厅
12. 停车场
13. 比赛大厅
14. 休息前厅
15. 观赛厅
16. 棋牌文化展厅一
17. 棋牌文化展厅二
18. 入库坡道
19. 仓库

# DIALOGUE

学生 / 徐凌芷（2021级）
导师 / 文小琴
　　　王志军

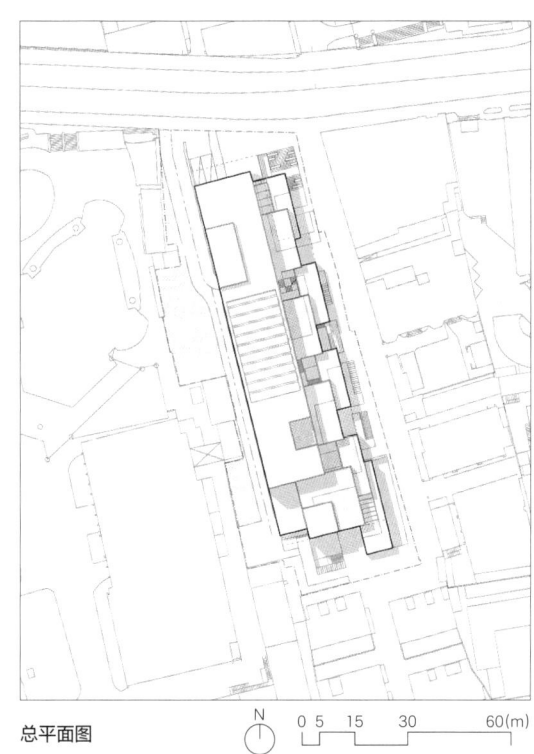

总平面图

## 设计简介

　　基地前临繁华商业街区，背靠安静居住社区，成为城市大小尺度拼贴肌理的界线。因此，项目从场地呈现的边界性、对抗性和历史性特征出发，以"DIALOGUE"（对话）为设计理念回应场地特征与文化。"对话"主要分为三方面：一是与场地现状的对话。建筑通过大小体量组合回应场地周边大小尺度的拼贴关系，以大体量回应"喧嚣"与"公共"，小体量回应"安静"与"私密"。由此，建筑成为场地拼贴肌理的一部分，也成为肌理交叉、融合与对话的媒介与桥梁。二是与使用人群的对话。在大体量置入比赛大厅、多功能厅等公共赛事功能，为专业棋手和游客提供高效便捷的直达流线；在小体量置入下棋室、棋牌文化阅览室等社区活动功能，为社区居民提供舒适自由的活动空间。与此同时，通过这两条主要流线，创造交流与对话的共享空间，打破专业棋手和业余爱好者之间的隔阂，形成一套有效的公共空间体系。三是与历史时空的对话。建筑通过体量的错动与咬合，形成一系列连续的花园式公共庭院，激活场地内的人们在花园中沉浸式下棋的历史景象与记忆。

　　在参与这门由校内老师与企业导师共同授课的建筑设计课程中,我深感理论与实践的紧密结合对于提升设计能力至关重要。课程中,我们不仅学习了理论知识,更在企业导师的指导下,接触到了实际项目中的挑战与机遇。通过实际案例的分析与讨论,我深刻体会到了设计的复杂性与多变性。企业导师所分享的丰富实践经验让我受益匪浅,他们的指导让我在解决问题时更加得心应手。我深感感激,因为这段经历不仅提高了我的专业素养,更拓宽了我的视野,让我认识到一名真正优秀的实践建筑师所需要具备的能力。

## 形体生成

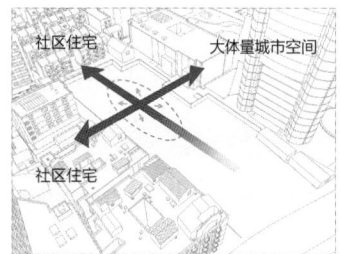

梳理周边城市环境的肌理与空间关系，参与场地"对话"

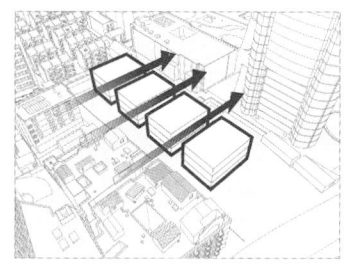

通过东西向轴线关系打通与社区的联系

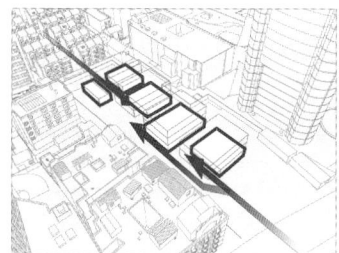

通过底层南北向轴线关系打通与社区的联系

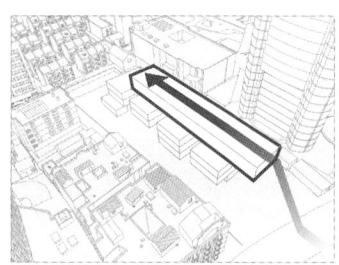

通过顶层巨型体量回应城市环境

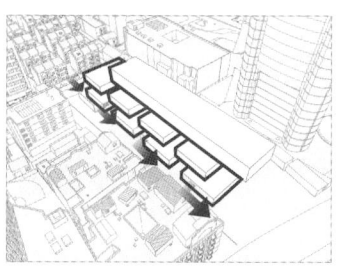

东侧体量错动，强化与居民区对话的同时形成棋格意象，呼应功能主题

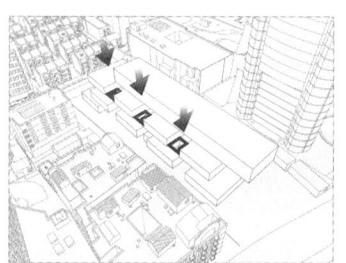

体量错动形成通高小庭院，呼应场地庭院旁下棋的历史场景

1. 教学科研用房
2. 体能训练用房
3. 专用训练用房
4. 管理用房
5. 社区食堂
6. 厨房
7. 地下车库
8. 运动员休息室
9. 咖啡厅
10. 棋牌历史演示厅
11. 训练休息室
12. 棋牌文化室外沙龙区

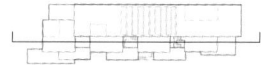

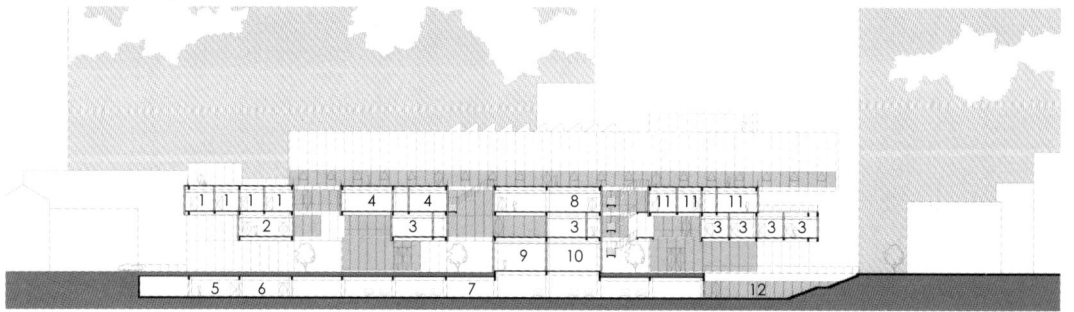

剖面图

学生作业精选　DIVERSE POSSIBILITIES

🏠 **文小琴**　徐凌芷同学的作业具有较强的空间变化，这些穿插关系以更为积极的姿态参与到周边社区生活中，与原有的城市空间构成更明确的对话。首层将大部分面积让渡给城市，表达对周边空间日常使用者的悉心谦让与关爱。二层及以上也以体形的变化与周边空间适度咬合，对话关系也显得更为密切。

🏫 **王志军**　设计将底层空间以街区形式开放，把社区活动功能引入棋院建筑，同时将棋类运动的历史和文化予以推广。建筑将二、三层作为"棋盘格"单元相互交错，产生的韵律具有"运动"气质。

在面向社区的东侧，设计在平面上错动"棋盘格"的同时，体量向西侧逐层退台，创造了二、三层屋面的露天平台活动空间。

在功能和流线组织上，方案面向社区成组布置各类功能用房，在四、五层形成大跨度空间，虽增加了一定的疏散宽度，但形体简练，交通核布局简洁高效。在比赛大厅主体空间设置"锯齿形"侧向采光屋面，也能为赛事活动提供较为均匀的漫射光环境。

① 500 mm 厚种植土
② 土工布过滤层
③ 20 mm 高凹凸型排水板，凹点向上
④ 10 mm 厚砂浆找平层（隔离层）
⑤ 1.2 mm 厚聚氯乙烯防水卷材（内增强型）耐根穿刺防水层
⑥ 10 mm 厚砂浆找平层
⑦ 50 mm 厚岩棉保温板
⑧ 1:8 陶粒混凝土找坡层，排水坡度
⑨ 160 mm 厚现浇钢筋混凝土
⑩ 160 mm 厚钢筋混凝土楼板
⑪ 界面剂
⑫ 防水透气膜
⑬ 3 mm 厚铝合金单板
⑭ 钢筋混凝土梁
⑮ 20 mm 厚 GRC 板

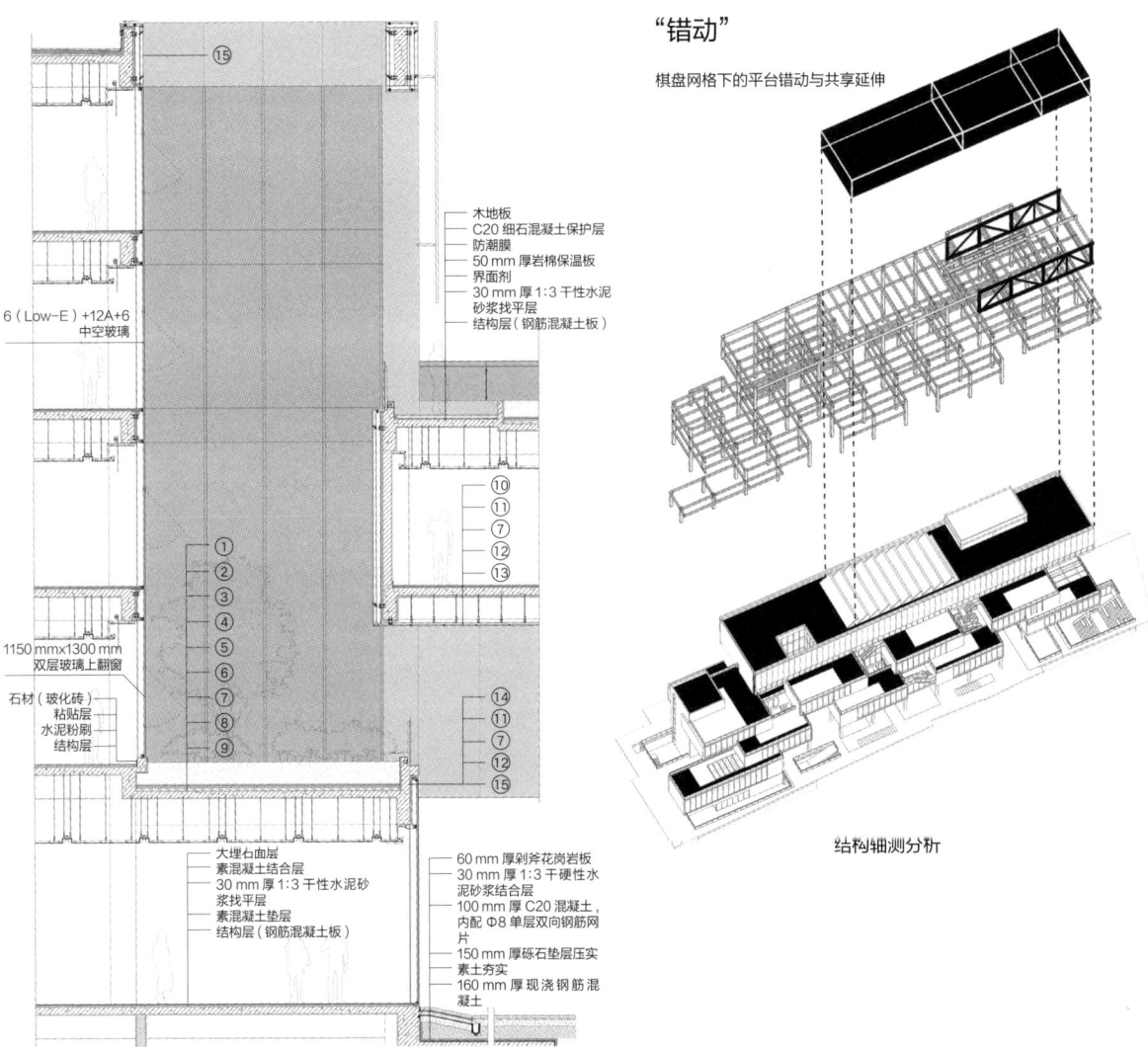

"错动"
棋盘网格下的平台错动与共享延伸

结构轴测分析

构造大样图

模型展示

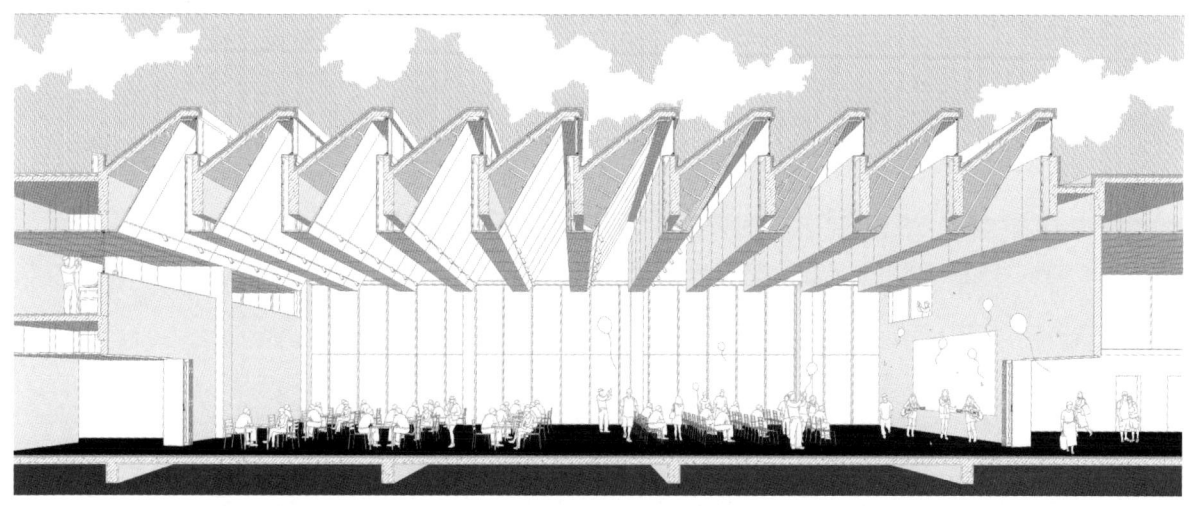

多功能比赛大厅剖透视图

# 城市棋院

学生 / 崔展华（2021级）
导师 / 魏　丹
　　　邓　丰

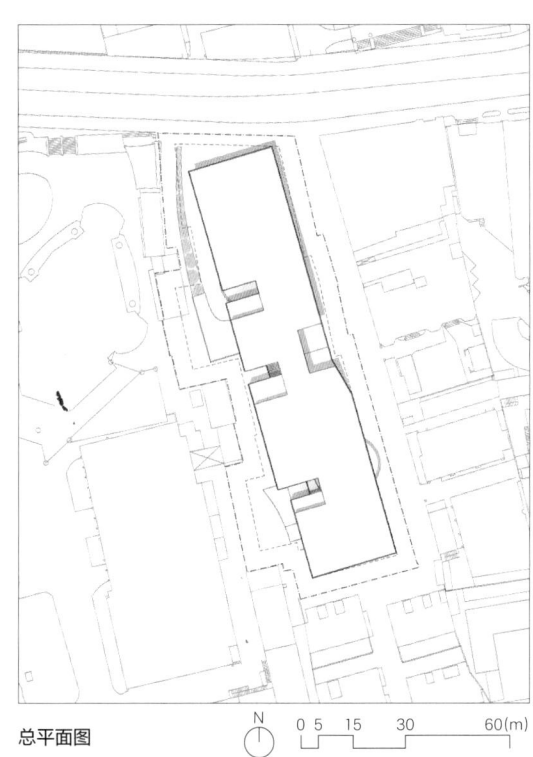

总平面图

## 设计简介

上海棋院的设计初衷是希望通过流动的架空空间，消解原有封闭的棋院功能盒体，使得棋院本身作为公共建筑，能够为周边高密度城区提供具有地标性的城市公共棋牌文化空间。为了保证架空空间本身的流动性不受上方盒体结构的干扰，利用有限元结构分析的手段对结构进行找形，以确保在上方盒体合理架空的同时，下方公共棋牌文化空间能够提供流畅的空间体验。在此基础上，对架空盒体和棋牌文化空间进行深化，完成设计。根据建筑本身的需求，对建筑结构体系进行精细化的定义和塑形，而不仅仅是对空间本体进行细致的雕琢。

本次设计能够探讨建筑中跨专业的问题,得益于设计课强大的导师阵容,有来自设计院的建筑、结构、机电相关的导师来为设计概念保驾护航。大部分时候,我需要与建筑和结构方面的老师进行较为深入的讨论,例如有限元分析中的计算是否合理、计算的结构验证是否可信、形体应该如何进行构造深化和施工、是否有案例可以进行比对和参考等,在此过程中收益颇丰。区别于其他设计课,"上海棋院"课题本身提供了一个让学生走出自己的专业,真正去设计一座真实而复杂的建筑的平台。这门课帮助了学生整合在本科期间所学的建筑设计、结构力学、建筑设备等知识,完成了一次较为真实的工程实践模拟。

## 概念与形体生成

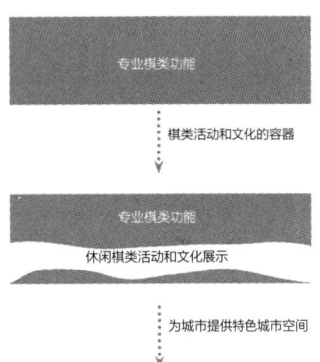

- 专业棋类功能
- 棋类活动和文化的容器
- 专业棋类功能
- 休闲棋类活动和文化展示
- 为城市提供特色城市空间
- 城市特色棋牌文化公园

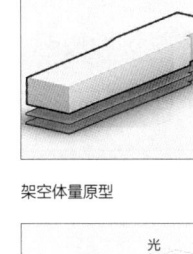
架空体量原型

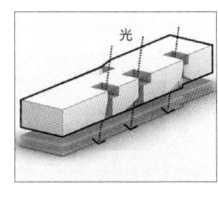
切削体量保证架空层光照

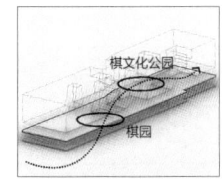
架空层深化

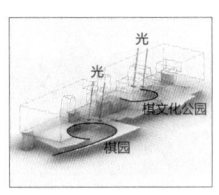
围绕架空层主要空间的深化

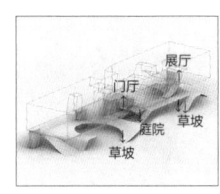
地形起伏以保证流线畅通

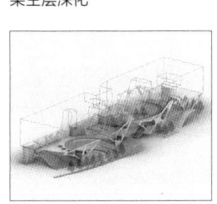
架空层最终效果

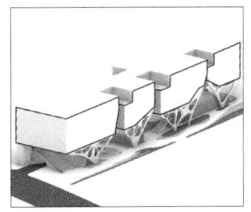
建筑体量

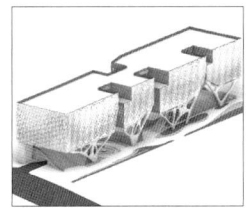
干扰立面

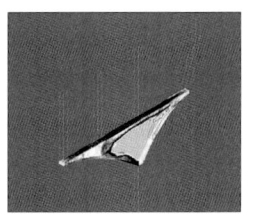
杆件受力情况分析

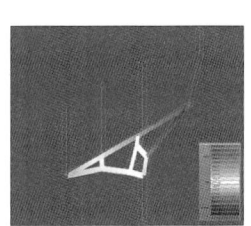
全焊接节点受力验证

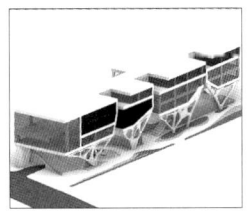
不同空间的采光和视线需求

立面网格细节

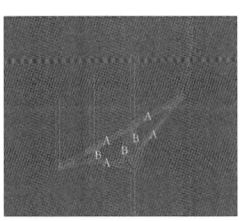
规整结构杆件类型

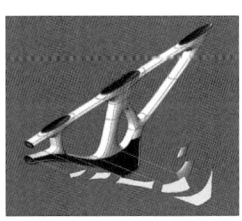
结构体构造做法

学生作业精选　DIVERSE POSSIBILITIES

**魏丹**　崔展华同学的设计从对城市空间的理解出发,以巨构式的形式语言释放出几乎所有的近地面空间,大体量与小尺度的反差形成了这个作品的张力。同时,在近地面创造出非常丰富的、体验感很强的活动场景,能吸引使用者参与其中,进一步触发城市生活的碰撞和互动。

**邓丰**　"城市棋院"通过流动的架空空间,消解封闭的棋院功能盒体,打造了一个具有地标性的公共棋牌文化空间。此方案不仅满足了棋院的功能需求,还为周边高密度城区提供了一个重要的公共空间,体现了现代建筑设计的多功能性和开放性。

该方案突出地将空间构思与建筑结构一体化结合在一起。为了构建一个开放、流动、多功能的城市复合架空空间,设计者利用巨型结构将建筑的功能体块架空在地面之上,从而将更多的地面空间还给城市。同时,设计者也谨慎考虑,避免巨型结构对场地和城市产生过多负面影响。因此,有限元结构分析和找形成为该方案的核心特点和最大挑战。

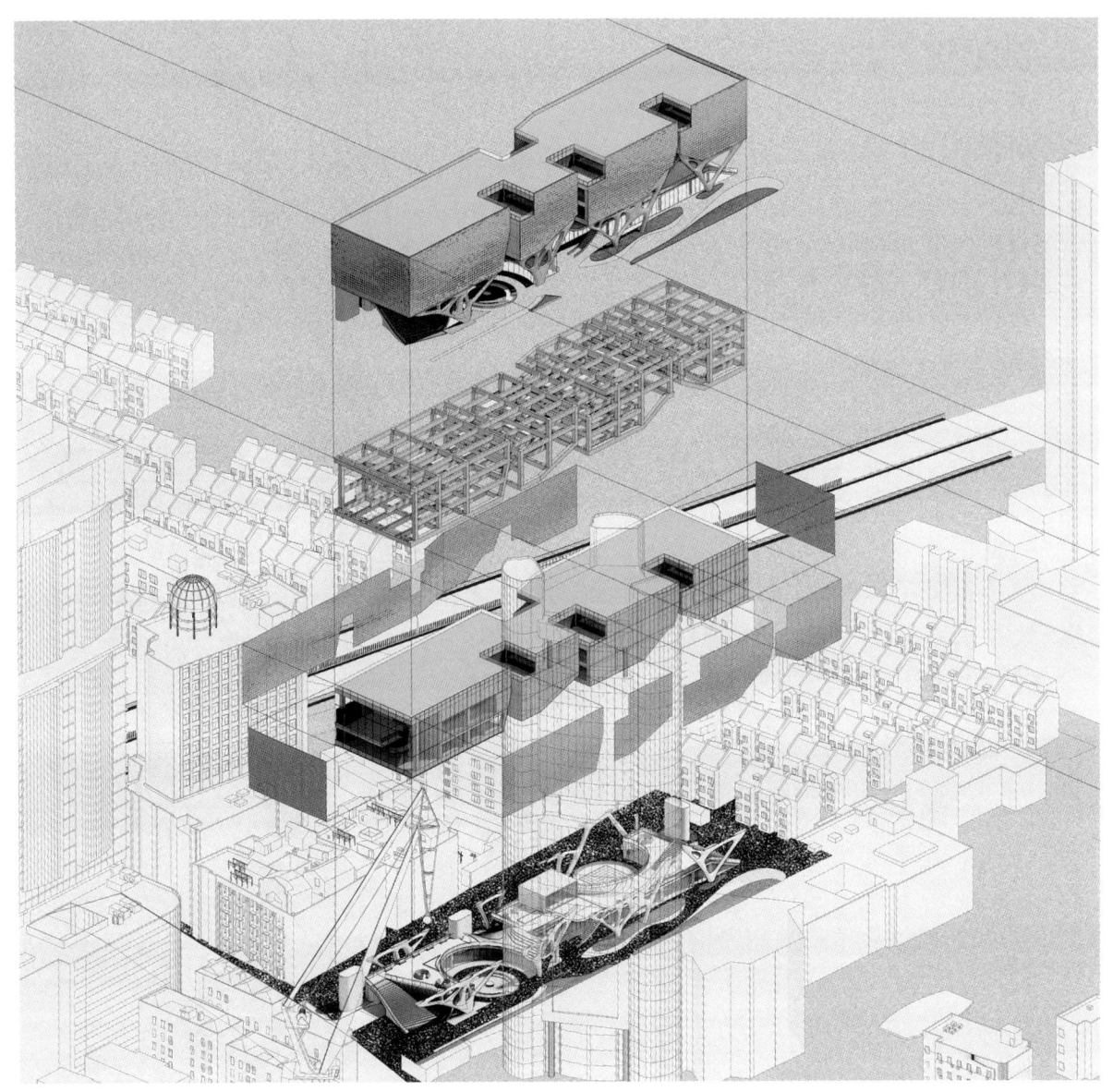

爆炸轴测图

**刘冰** 这是一座兼具冲击力及科技感的建筑。方案采用转换结构的手法进行底层空间的转换，为了呼应自然，其底层转换结构并未采用传统的巨型梁柱体系，而是巧妙地应用了树形结构，通过轻量化的桁架优化，消隐了巨型的转换结构体量，使之弥散在无形之中。更难能可贵的是，转换树形结构采用了拓扑优化算法，将桁架布置方式与自然非线性曲线的受力形态融为一体，让访客仿佛融入自然，而不觉得压抑。总的来说，这一方案利用结构实现了建筑空间功能，利用科技优化了结构形态。

① 30 mm 厚细石混凝土
② 两道防水卷材
③ 坡度 2% 水泥砂浆，最薄处 20 mm 厚
④ 50 mm 厚挤塑聚苯板
⑤ 20 mm 厚 1:3 水泥砂浆找平
⑥ 150 mm 厚预制钢筋混凝土楼板

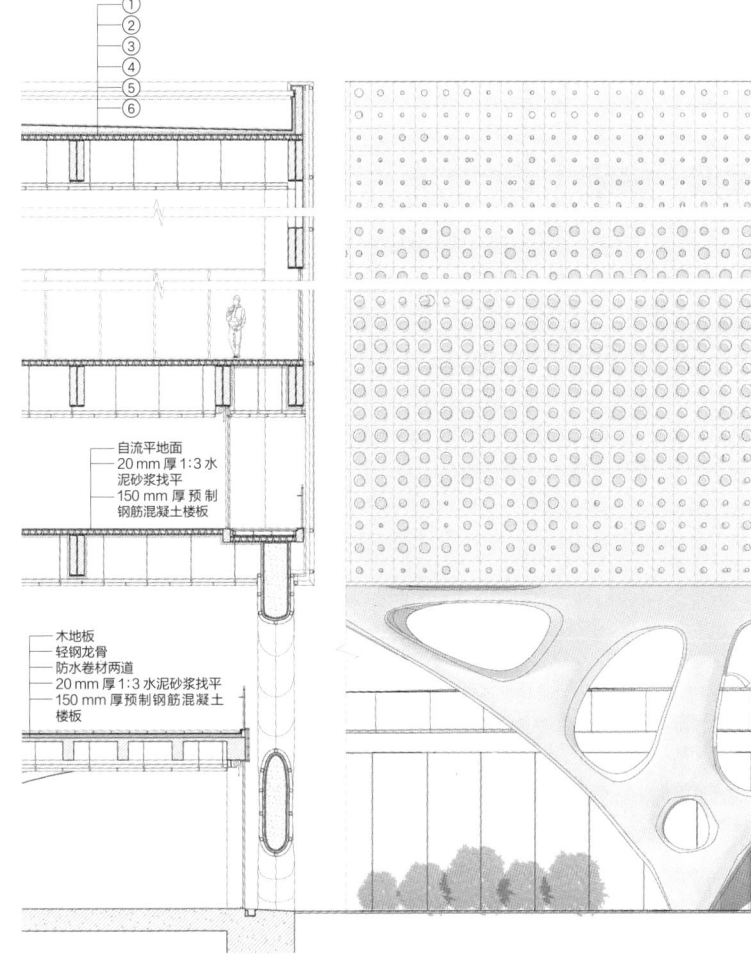

自流平地面
20 mm 厚 1:3 水泥砂浆找平
150 mm 厚预制钢筋混凝土楼板

木地板
轻钢龙骨
防水卷材两道
20 mm 厚 1:3 水泥砂浆找平
150 mm 厚预制钢筋混凝土楼板

构造大样图　　　　　立面图

剖轴测图

# 重檐·棋院

学生 / 朱卓群（2021级）
导师 / 魏　丹
　　　邓　丰

总平面图

## 设计简介

设计以山水园林为题，以传统文化为引，构建了一种园林棋院的感觉，故谓之"重檐·棋院"。回过头看，其实设计中有很多疏漏和不足，对园林的构筑细节不足，对重檐的建构逻辑也不够生动。设计中最让我满意的一点是方案的立体性——路径的曲折回转和所谓的"洞天"。如果还有机会去优化的话，我希望在建构屋顶时，除了热力学色彩外，能够引入更多的结构学美感，创造和谐生动的第五立面，并且可以利用高低差进一步优化立体层次。

引入企业导师可以更有效地将学生作业与实际项目要求结合起来,让学生体会到实际建造设计中的要点。同时,对节点设计、结构大样设计的重视也有助于反向推敲设计,考量方案的合理性。这次设计的最大感悟是因地制宜和多样性,因为首次全年级采用同一课题,不仅自己能参与设计,还可以看到很多同辈的思路和想法。在相互交流和碰撞中,可以拓宽自己的设计思路,这有利于设计水准的进步,有助于设计素养的提升。

## 概念生成

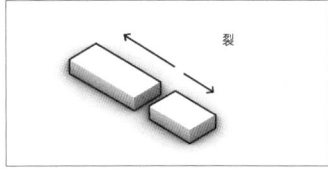

**1. 阵势频分合，机锋互催谇。各踞龙虎地，相逢兵戈怼。**
在私密性的要求下进行体块分割，靠近道路的前端向社区开放，后半部分用于办公和训练，其中的间隔形成了一个内部庭院。

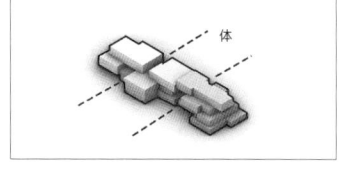

**2. 治体不相侵，奖诫各有慧。车帅尽其能，形神俱疲累。**
根据各功能房间的相关要求排布功能体块，分为前、中、后三个部分，分别面向社区、比赛、办公。

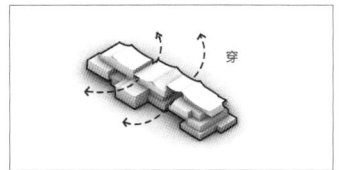

**3. 友客对棋坐，弈间扶衣袂。环视无隔挡，居者领朝瑞。**
注重建筑对周边的影响，保护周边居民区的采光和视线关系，在合适的位置创造视线通廊。

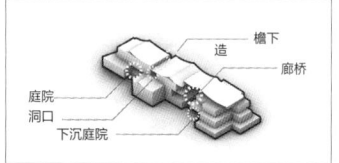

**4. 棋影含风落，云阴携叶飞。闲敲争锋处，扶疏多妩媚。**
提取园林的相关空间要素并将其抽象化，创造园林空间场景，形成多重状态下的弈棋与漫步路径。

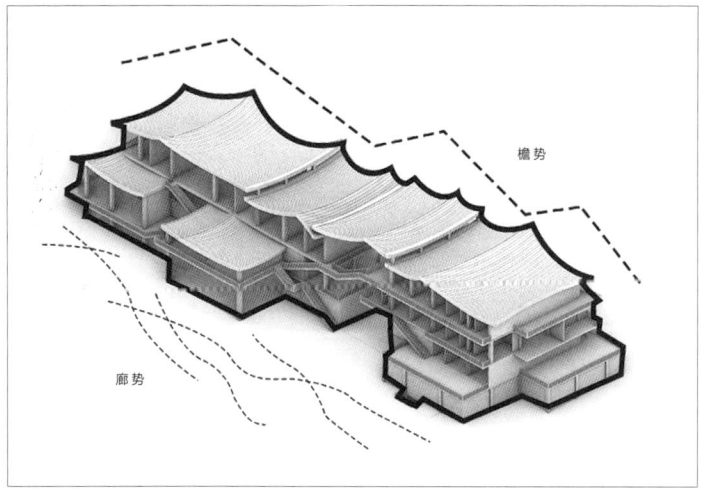

**5. 隐隐楼台远，蒙蒙草树微。重檐衔飞雀，岚翠落斜晖。**
通过互有穿透和错落的重檐的势来营造棋园气氛，利用曲折连绵的廊桥的势强化意象。

学生作业精选　DIVERSE POSSIBILITIES

**魏丹**　朱卓群同学的设计以一种比较"诗情画意"的思路作为主导,运用了比较夸张的形式语言——重檐,来表达与周边社区之间的反差,进而凸显出建筑形象。屋檐下堆叠的体块在小尺度上柔化了界面,也表达了对于日常生活氛围以及对弈精神的思考。

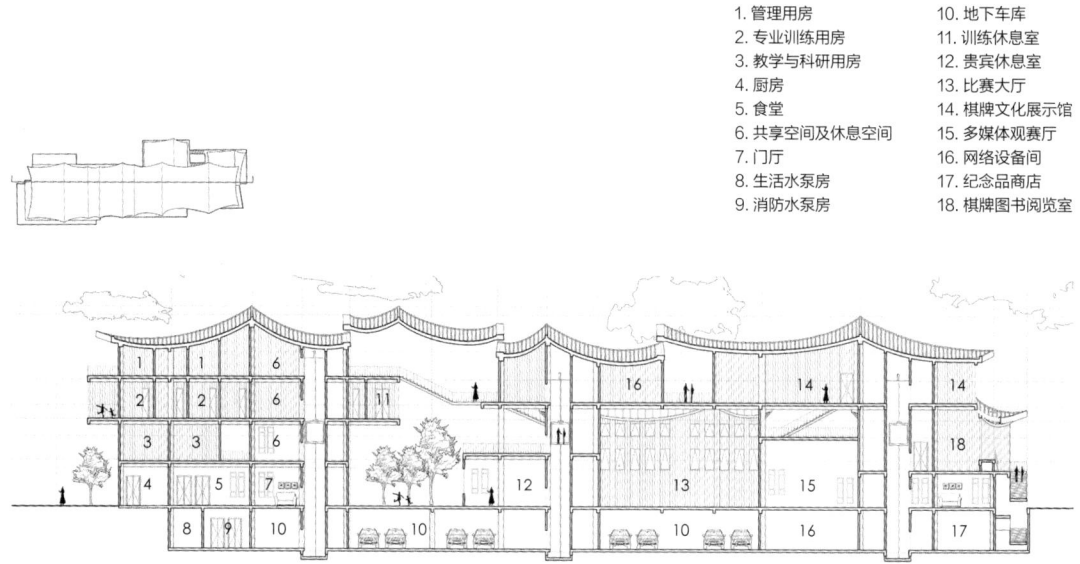

剖面图

1. 管理用房
2. 专业训练用房
3. 教学与科研用房
4. 厨房
5. 食堂
6. 共享空间及休息空间
7. 门厅
8. 生活水泵房
9. 消防水泵房
10. 地下车库
11. 训练休息室
12. 贵宾休息室
13. 比赛大厅
14. 棋牌文化展示馆
15. 多媒体观赛厅
16. 网络设备间
17. 纪念品商店
18. 棋牌图书阅览室

**邓丰**　"重檐·棋院"设计以山水园林为主题，通过传统文化元素构建了一个园林棋院的空间。设计目标明确，体现了将文化传承与现代建筑设计结合的深入探索。

　　设计中的立体路径和"洞天"概念展示了对空间体验的深入思考。设计试图通过曲折回转的路径来增加空间的趣味性，同时丰富使用者的体验感。架空的功能体块设计，可以使地面空间得以最大化利用，为城市提供了更多的公共空间，更好地回应高密度城区的需求。设计的初衷值得肯定，立体路径和"洞天"的概念展现了设计者对空间体验的深刻理解。然而，在细节处理和建构逻辑上，尤其是在园林元素的具体表达，以及屋顶形式与结构的表达方面，仍有提升空间。

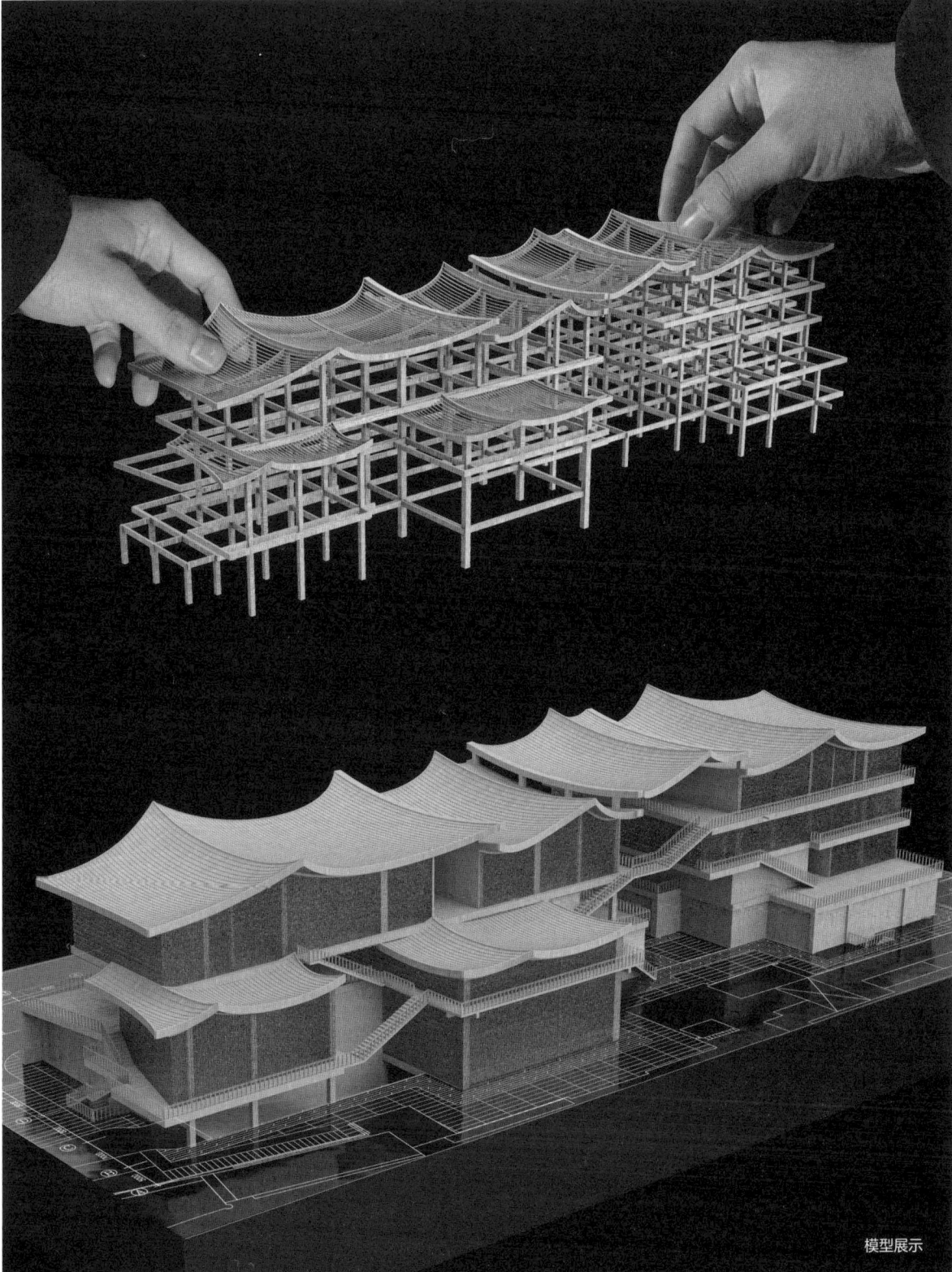

模型展示

# 重塑消失的街道

学生 / 李德涵（2021级）学
导师 / 周　峻 企
　　　 董　屹 校

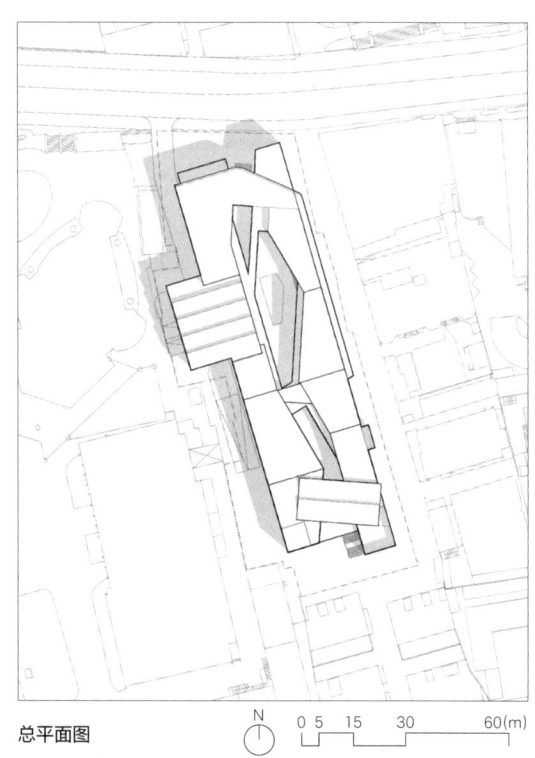

总平面图

## 设计简介

本设计方案以街道为灵感，保留并强化了南京西路的里弄肌理，通过主弄和支弄的布局，实现街区与街道的渗透性。设计重点在于恢复场地内的隐藏街道作为日常活动的场所，同时沟通和修复城市结构。建筑内部街道延伸至二层，区分内外空间，围绕下棋等活动，丰富空间体验。主要交通体系由两个交通核和前后公共循环构成，提供线性与环形的流动体验，旨在创造一个历史与现代交融的城市空间。

　　在设计课程中引入企业导师,是一次将学术理论与行业实践紧密结合的创新尝试。这种模式不仅为我们这些未来的建筑师提供了一个宝贵的学习平台,更是一种思维的拓展和视野的拓宽。企业导师凭借其丰富的行业经验和市场洞察力,为我们的设计项目带来了新的视角和思考维度。在与企业导师的互动中,我学会了如何将设计概念转化为可行的解决方案,以及如何在满足功能性的同时,考虑成本效益和可持续性。这种实践经验的传授,让我的设计不再停留在图纸上,而是能够预见实际建造过程中可能遇到的问题和挑战。此外,企业导师的参与也提高了我们对行业趋势的敏感度,让我们的设计更加贴近市场需求,更具前瞻性。

## 形体生成

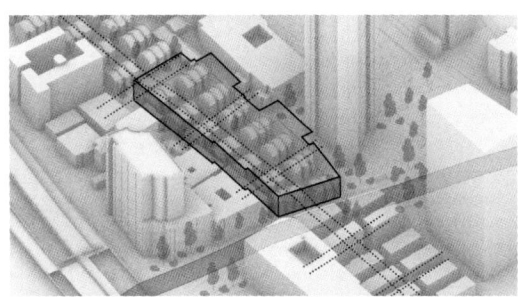

场地原有的里弄肌理保留了南京西路的场所记忆与生活方式，场地内更新留存的里弄由主弄和支弄构成。由里弄组成的街区与街道有良好的渗透性，同时也能为城市空间增添连续界面的步行环境。

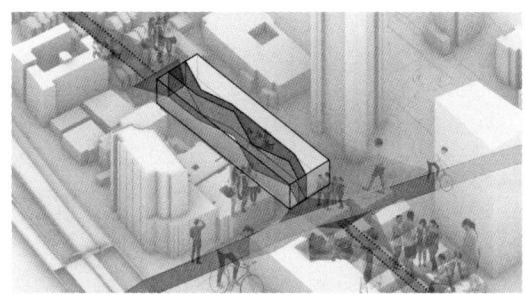

场地内部通过重现里弄中被打断的街道实现贯通。这些街道既可用于日常下棋活动，又能够沟通场地、修复城市关系。

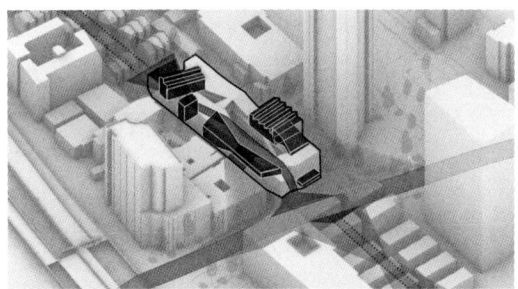

建筑内部街道抬起至二层，用来分离内部公共街道与城市街道，同时围绕下棋活动的功能体量在建筑中穿插，丰富了空间体验。

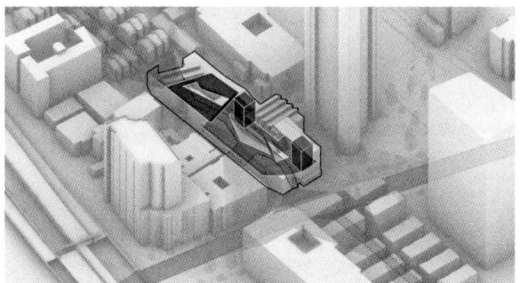

主要交通体系由两种不同人群使用的交通核和前后两条公共循环道路组成，使人既有垂直的体验又有环路的体验。

**周峻**　与其说这是一份学生作业，它更像是一份成熟的建筑设计作品。设计手法游刃有余，能够较好地处理城市肌理、建筑功能和内外关系。在我第一次指导学生上课时，李德涵同学就明确了设计主题——重塑消失的街道，并将其贯彻课程始终。在他的身上，我能感受到同济大学建筑教育的特色，在建筑单体设计中融入了对城市设计的思考，用"大"思路来设计"小"建筑，这是一段非常愉悦的教学相长的经历。

学生作业精选　DIVERSE POSSIBILITIES

**董屹**　该方案的独特性在于从研究城市空间的脉络出发，将里弄的巷道原型引入建筑，重新修复了被基地打断的城市空间，将建筑内部流线纳入了城市流线体系之中，在建筑内部形成立体的街道体系，使棋院的建筑功能和居民的日常生活有机地结合起来，创造了一种能够互相接触又保持距离的公共街道生活。建筑外墙采用了具有里弄象征意义的砖的新构造做法，虽然面对南京西路的空间开放性有待商榷，但设计确实展现了一种面向城市、具有强烈可识别性的形象。

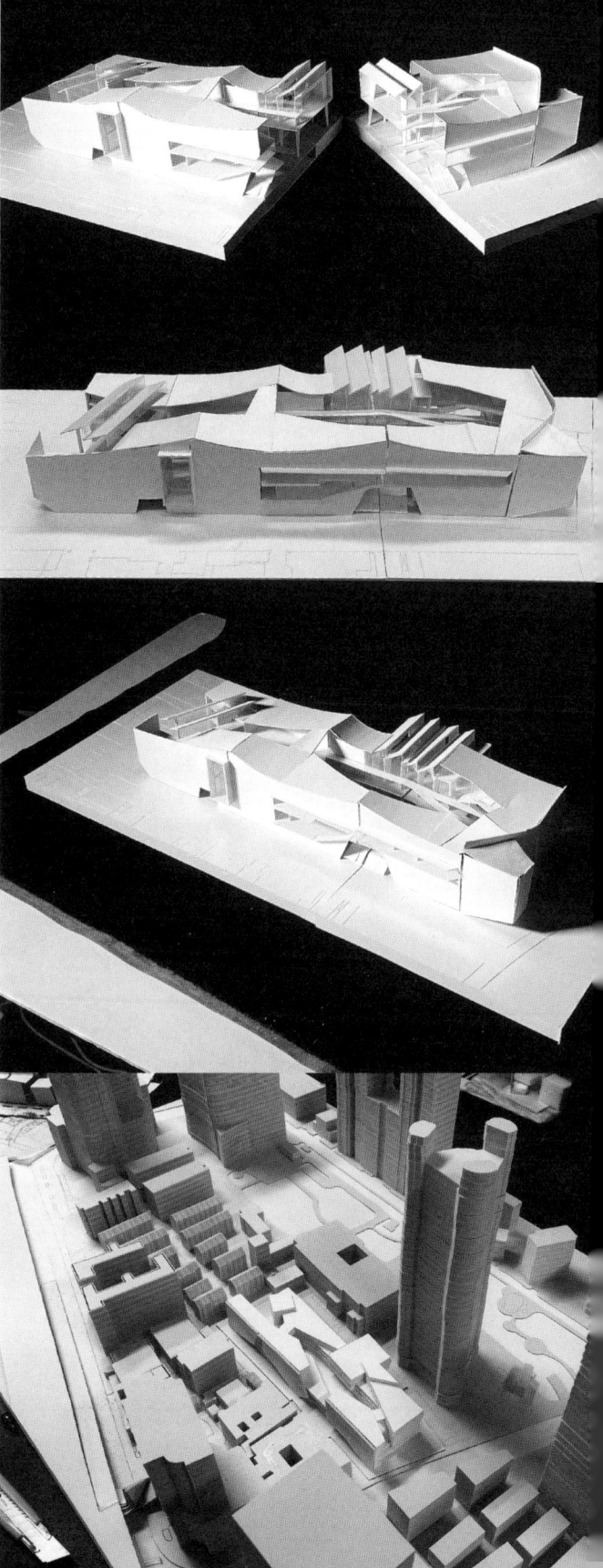

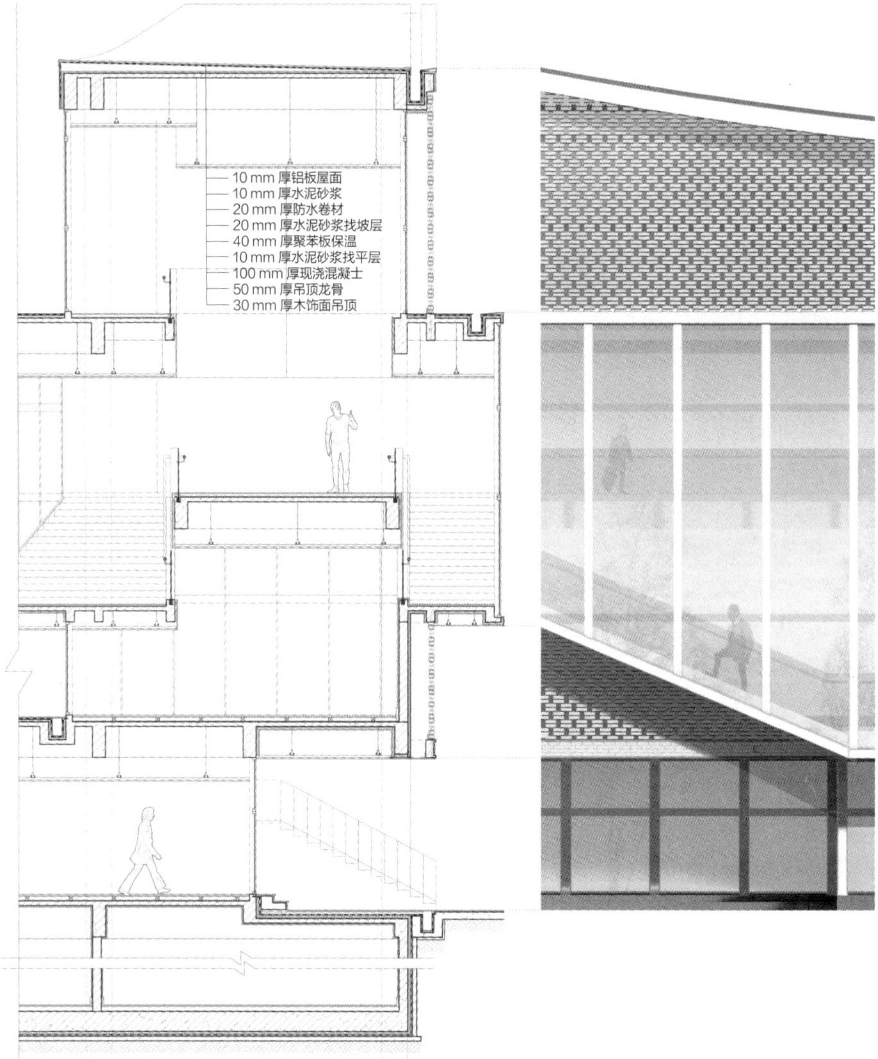

- 10 mm 厚铝板屋面
- 10 mm 厚水泥砂浆
- 20 mm 厚防水卷材
- 20 mm 厚水泥砂浆找坡层
- 40 mm 厚聚苯板保温
- 10 mm 厚水泥砂浆找平层
- 100 mm 厚现浇混凝土
- 50 mm 厚吊顶龙骨
- 30 mm 厚木饰面吊顶

构造大样图

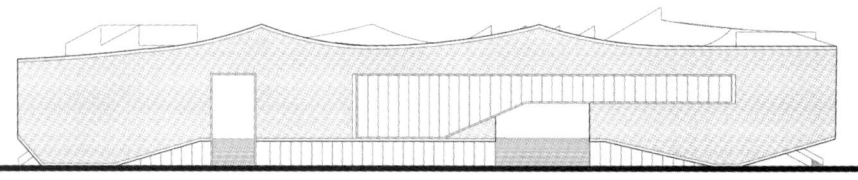

东立面图

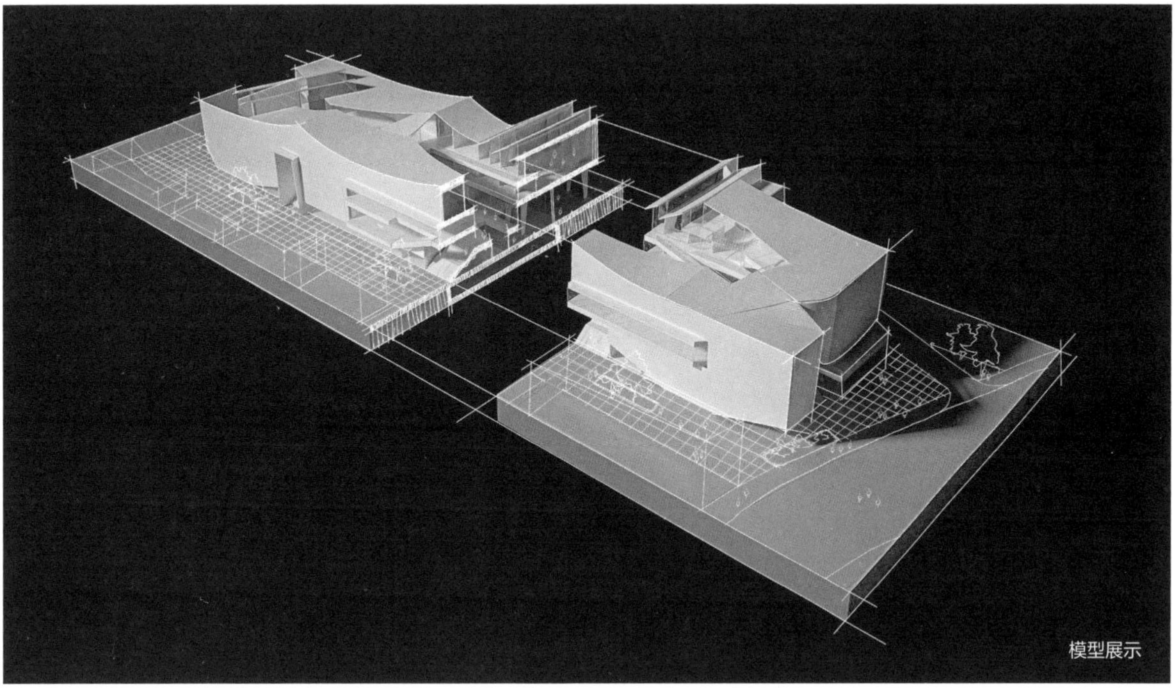

模型展示

剖透视图

# 曲水流思

学生 / 王璐瑶（2021级）学
导师 / 周　峻 企
　　　 董　屹 校

总平面图

## 设计简介

本次设计旨在回溯记忆，提供沉浸式的游览空间，实现过去与未来的联动。针对本次设计，我提出了三个问题：① 如何处理空间肌理，使大体量的建筑融入小尺度的街巷环境；② 在喧闹的商业环境中，如何建构安静的比赛场所，又如何实现合理的人群分流；③ 如何在狭长的场地中激活腹地，引导人群参与体验棋院文化。回应这三个问题，我提出了三条主要策略：① 一条路径——以巷道串联游览路径，在穿行中体验历史；② 一次分流——在合理的场所完成人群分流，实现参观人群与比赛人群的分离；③ 一种联动——创造一条充满回忆的比赛路径，在回望过去的同时展望未来。

这次设计课程创造性地引入了来自设计院的老师，他们不仅在设计层面，更在结构以及具体的施工层面给予了我们很多帮助。非常感谢来自设计院的刘冰老师，他在剪力墙以及柱网结构在异形建筑空间中的表达方面为我答疑解惑。董屹老师和周峻老师对于我的方案设计进行了详细的指导，帮助我梳理空间流线，从而展现出棋院的魅力。

## 形体生成

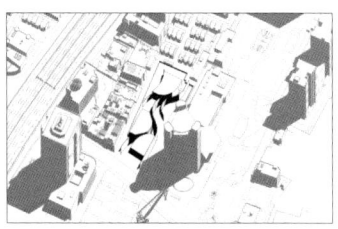

一条路径：以巷道串联游览路径，在穿行中体验历史

一次分流：对人群进行合理分流，实现参观人群与比赛人群的分离

一种联动：创造一条充满回忆的比赛路径，回望过去，展望未来

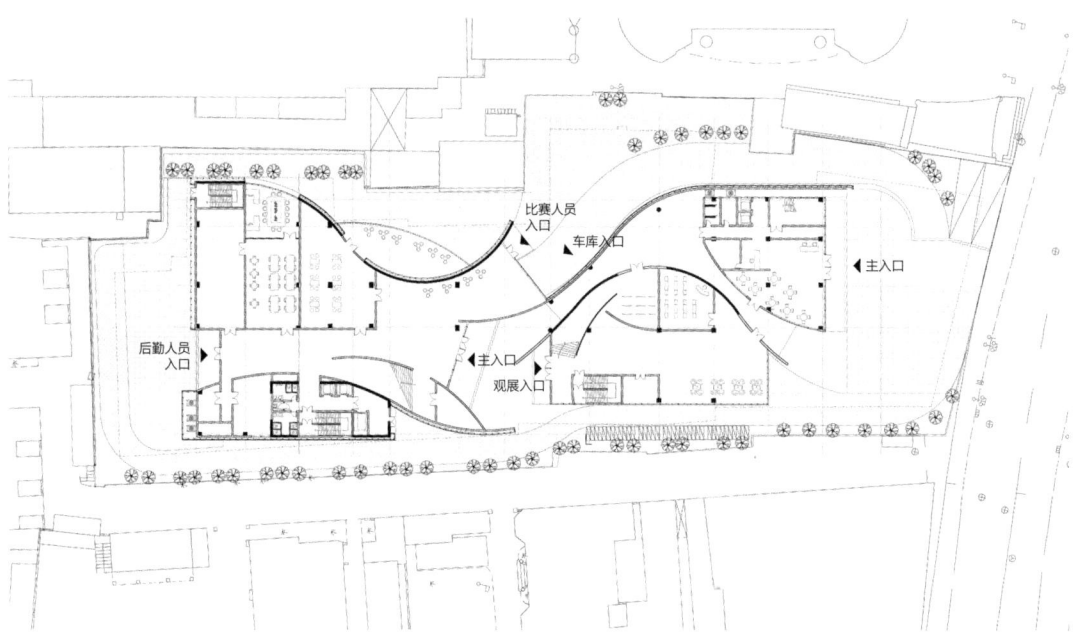

首层平面图

**周峻** 王璐瑶同学在设计初期便决定采用曲面形体，并巧妙地使用 Revit 软件进行建模，最终导出二维平面、立面和剖面来完成设计。这种正向的设计方法显著提升了作业的完成度。

学生作业精选　DIVERSE POSSIBILITIES

**校**

**董屹**　方案在设计中大胆采用曲线，为空间和结构设计增添了挑战，但同时创造了独特的空间体验。流动的墙体有效增强了空间的引导性，使不同流线在分离和聚合中自由转化。设计巧妙地组织了丰富多变的空间，将各功能区域有机整合，并顺畅地连接了室内外空间。尽管在规整柱网和流动空间的结合方面仍有提升空间，但整体上较为完整地展现了作者的设计意图。

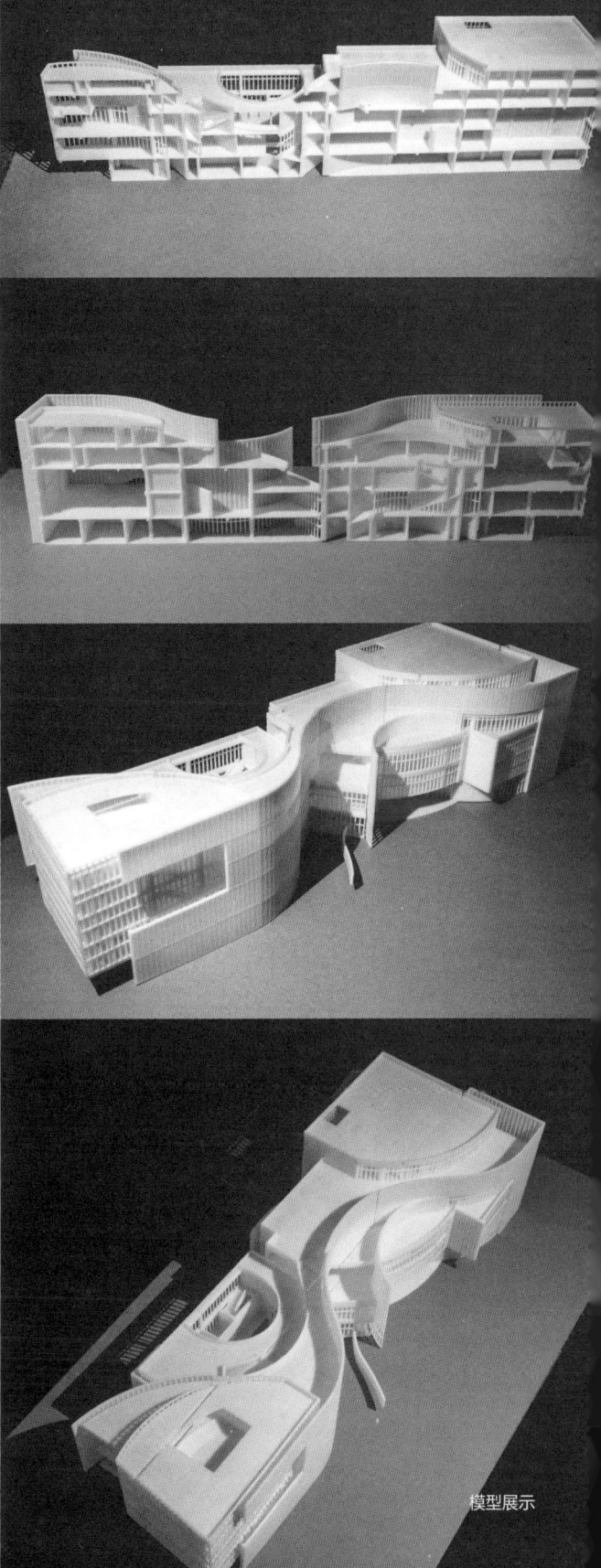

模型展示

## 异面

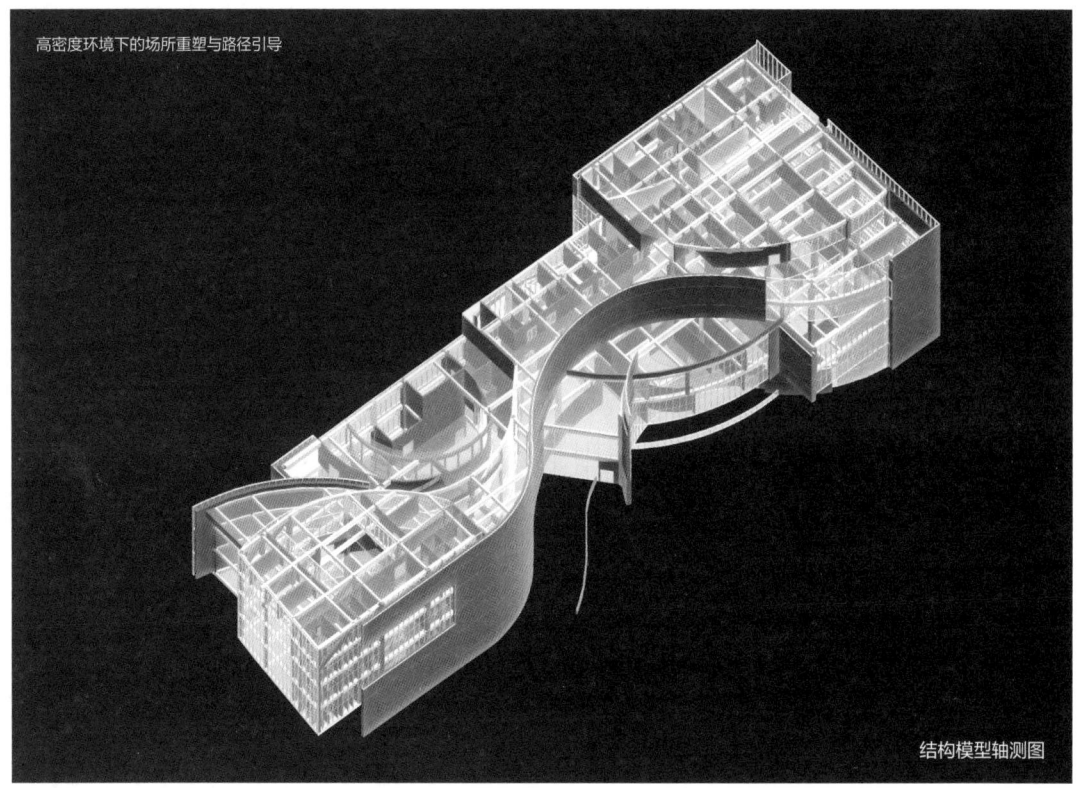

高密度环境下的场所重塑与路径引导

结构模型轴测图

**刘冰** 本方案呈现了一个流动的建筑空间。游客穿行其中，宛若漫步在曲径通幽的园林中。对于这种形体，传统的建筑师往往会采用标准的框架结构，在建筑内部用弧形装饰墙形成一个个人为的分隔。但是，令人欣喜的是，本方案按照框剪结构的思路，利用建筑的分隔，直接结合弧形隔墙设计了弧形的剪力墙承重系统，巧妙地消隐了结构。如此，在其余的大空间区域，柱子得以减少，从而弱化了结构柱对于游客的干扰。对于这样一个具有流动性的空间，采用流动的力学结构与之对应，实现了建构一体的本真性。

## 学生作业精选 DIVERSE POSSIBILITIES

1. 内廊
2. 外廊
3. 屋顶花园
4. 体能训练室
5. 历史文化展示馆
6. 纪念品商店
7. 咖啡简餐区
8. 办公管理区
9. 训练休息室
10. 展示馆

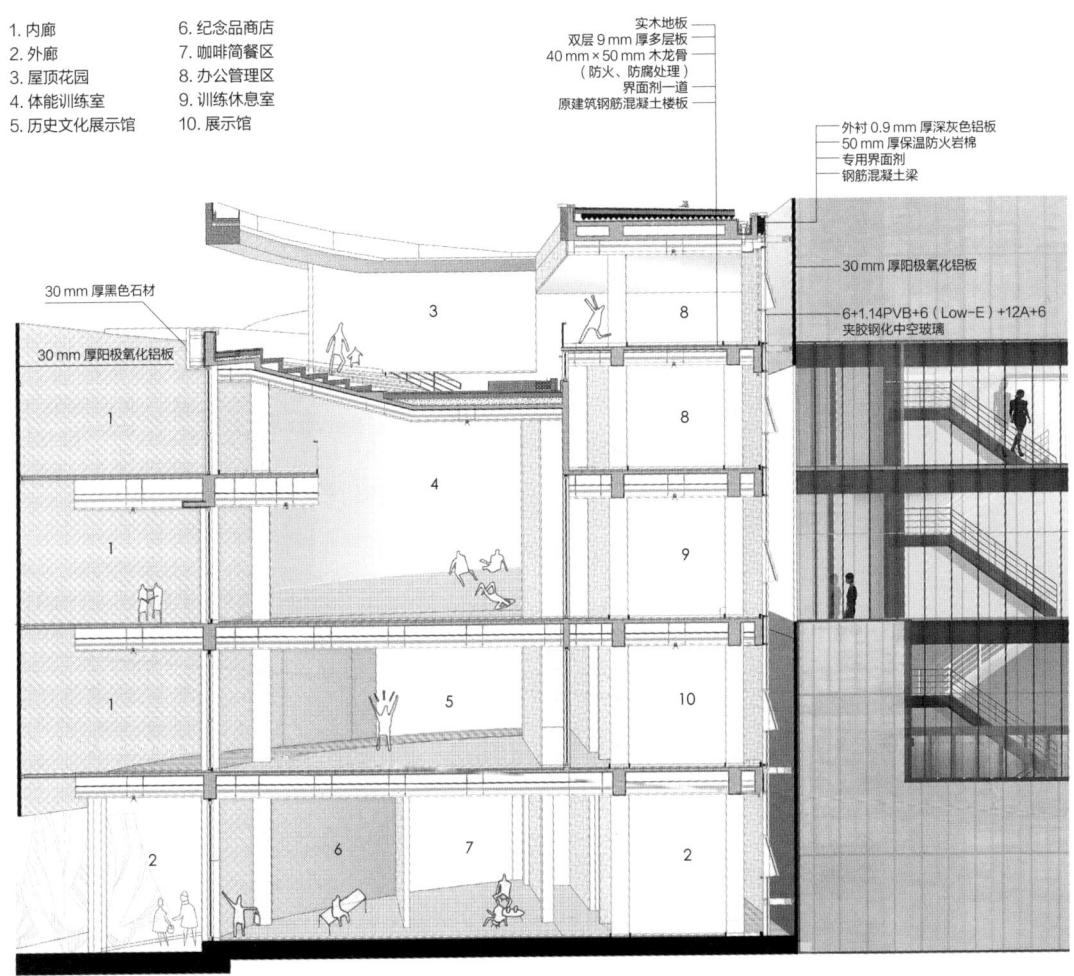

构造大样图

# 享·界·间

学生 / 孙凡清（2021级）
导师 / 吴 丹
　　　陈 强

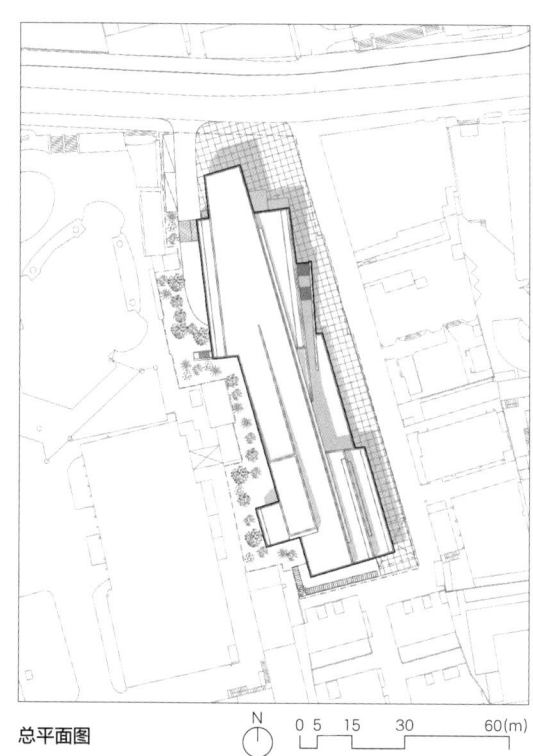

总平面图

## 设计简介

方案以场地中直与斜交错的关系为契机，建立起带有各自特征的空间单元，这些单元咬合在一起形成紧凑的整体，并在狭长的场地中创造出了舒适的尺度与体验。建筑形体的错动破解了长走廊的匀质体验，并为不同使用者创造了各具特征的相遇场所。在建筑中，使用者的行走与驻留形成了各种事件之间的交集，包括观赛、比赛、社区阅览等。这些不同的活动在三维空间中交汇，相遇之处存在着上下相通、各具特色的"空"，这是该建筑希望带给使用者的独特体验。

学院为我们提供了这次难得的学习机会，校企联合、联动的授课方式让我们在真实的城市语境和环境下，领略到了不同视角下的建筑设计思维和方法。企业设计导师丰富的设计实践经验和职业化视角，为我们打开了视野，并帮助我们深化了设计成果。这些宝贵的经验，不仅提高了我们的设计能力，也为我们未来的职业生涯奠定了坚实的基础。

在此次课程设计中，我特别感谢同济设计院青年骨干吴丹老师和学院教学骨干陈强老师的倾囊相授，以及我的导师王方戟教授的悉心指导。这些帮助对我有着极大的意义，让我在课程设计中取得了不小的进步，也为我未来的职业生涯打开了新的篇章。再次感谢各位老师耐心、热情和细致入微的教导，以及他们的无私奉献和辛勤付出。

## 形体生成

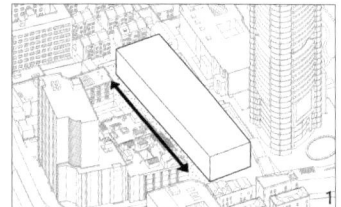

1 守住边界,恢复街道

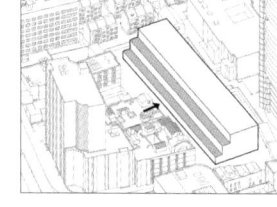

2 利用跌落的景观平台与社区建立联系

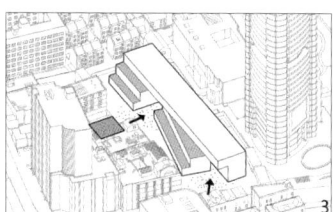

3 面向社区后退出开放街角和广场

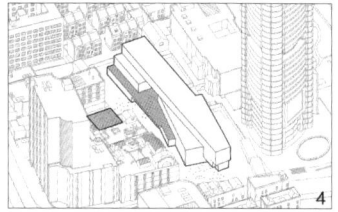

4 面向广场的流动平台

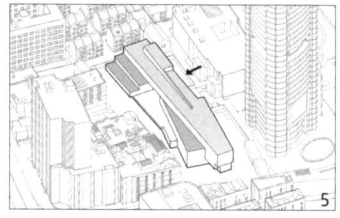

5 设备(消防水泵房)和挡土墙

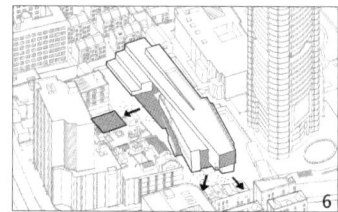

6 创建多方向、多角度的活力界面

模型展示

学生作业精选  DIVERSE POSSIBILITIES

**企**

**吴丹**　孙凡清同学设计的棋院，建筑体块简洁明了，立面干净清爽，对周边环境谦逊有礼，退让有度，在上百份学生建筑作业中，有着"谦谦君子，温润如玉"的气质。这个方案没有采用特殊手法去创造强劲的视觉冲击力，而是在长条形的基地里，通过层层退台回应周边的居民社区，创造一个弹性界面；通过体块的错落穿插，在创造新秩序的同时将公共交流空间与屋顶花园自然而然地融合起来。

**校**

**陈强**　在设计方案的上百种可能中，采用线性方式应对基地环境是较为可行也比较普遍的一类，此方案则是其中的代表。错动的线性退台形体切合了不规则的长条形场地，中部立体开放平台有效破除了过长的体量可能产生的单薄感。无论从形体的组合、虚实关系处理、与形体一致的水平长窗方式，还是室内外空间组织来说，此设计都充分体现了设计者的娴熟技能，也表达了对西扎（Álvaro Siza）的致敬。

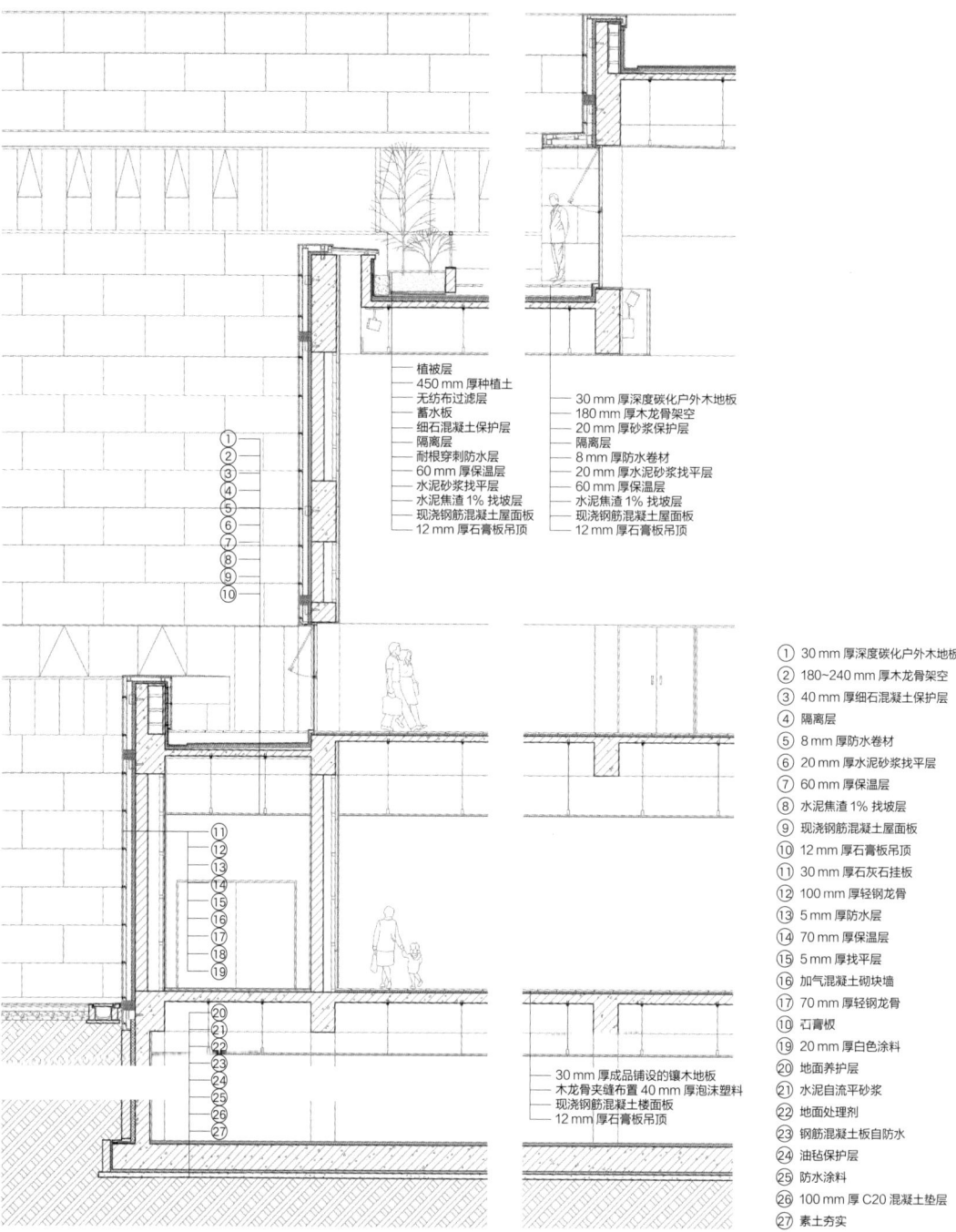

构造大样图

植被层
450 mm 厚种植土
无纺布过滤层
蓄水板
细石混凝土保护层
隔离层
耐根穿刺防水层
60 mm 厚保温层
水泥砂浆找平层
水泥焦渣 1% 找坡层
现浇钢筋混凝土屋面板
12 mm 厚石膏板吊顶

30 mm 厚深度碳化户外木地板
180 mm 厚木龙骨架空
20 mm 厚砂浆保护层
隔离层
8 mm 厚防水卷材
20 mm 厚水泥砂浆找平层
60 mm 厚保温层
水泥焦渣 1% 找坡层
现浇钢筋混凝土屋面板
12 mm 厚石膏板吊顶

30 mm 厚成品铺设的镶木地板
木龙骨夹缝布置 40 mm 厚泡沫塑料
现浇钢筋混凝土楼面板
12 mm 厚石膏板吊顶

① 30 mm 厚深度碳化户外木地板
② 180~240 mm 厚木龙骨架空
③ 40 mm 厚细石混凝土保护层
④ 隔离层
⑤ 8 mm 厚防水卷材
⑥ 20 mm 厚水泥砂浆找平层
⑦ 60 mm 厚保温层
⑧ 水泥焦渣 1% 找坡层
⑨ 现浇钢筋混凝土屋面板
⑩ 12 mm 厚石膏板吊顶
⑪ 30 mm 厚石灰石挂板
⑫ 100 mm 厚轻钢龙骨
⑬ 5 mm 厚防水层
⑭ 70 mm 厚保温层
⑮ 5 mm 厚找平层
⑯ 加气混凝土砌块墙
⑰ 70 mm 厚轻钢龙骨
⑱ 石膏板
⑲ 20 mm 厚白色涂料
⑳ 地面养护层
㉑ 水泥自流平砂浆
㉒ 地面处理剂
㉓ 钢筋混凝土板自防水
㉔ 油毡保护层
㉕ 防水涂料
㉖ 100 mm 厚 C20 混凝土垫层
㉗ 素土夯实

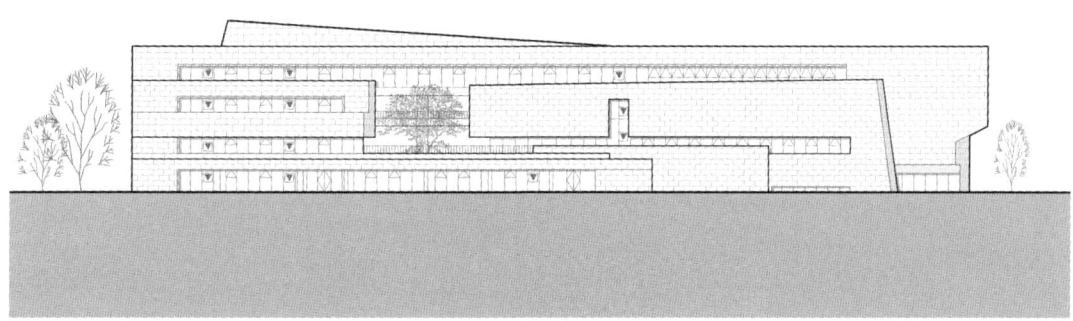

西立面图

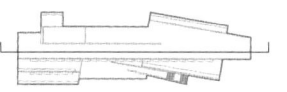

1. 管理用房    7. 训练用房
2. 厨房    8. 空调机房
3. 餐厅    9. 历史展厅
4. 休息厅    10. 比赛厅
5. 消防水泵房    11. 文化展厅
6. 生活水泵房

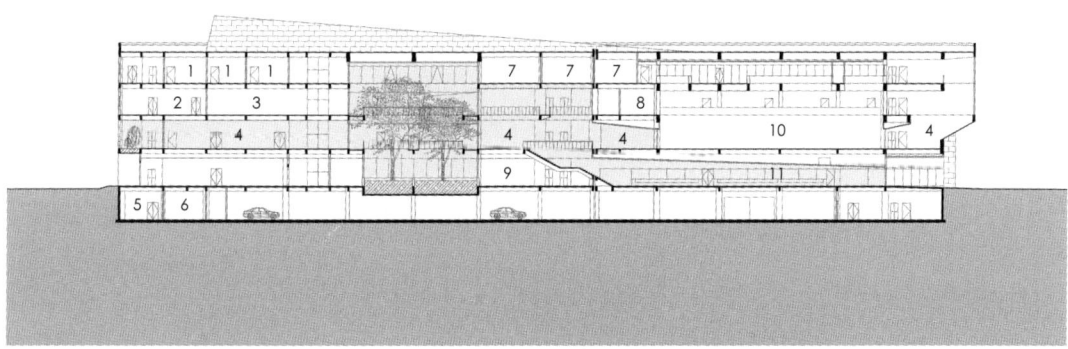

剖面图

# 檐下彼方

学生 / 毛珂捷（2021级）
导师 / 吴　丹
　　　陈　强

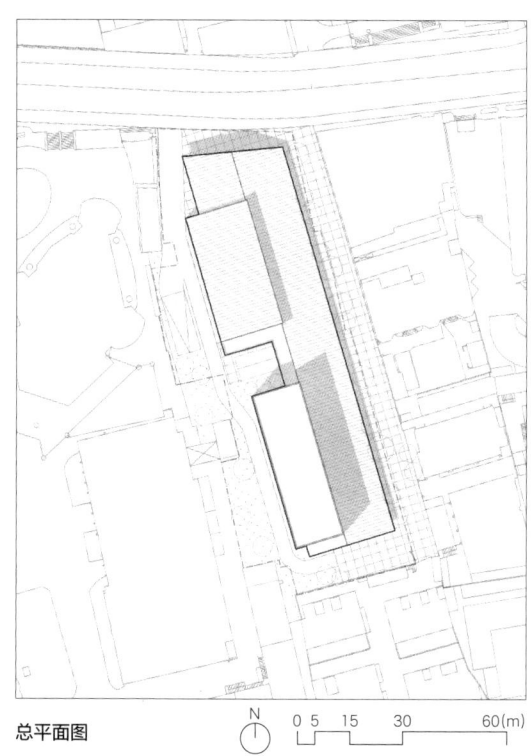

总平面图

## 设计简介

棋院是一个专门用于下棋和传播棋文化的地方，方案中我试图用设计去探讨与"棋"相关行为的多种可能性。或严肃或轻松的对弈、专业的训练、大型的赛事、棋的历史与文化展示，这些不仅是功能的要求，还应利用设计对上述功能作出特别的诠释，让这些空间在有所联系的同时又能呈现不同的氛围和体验。此方案利用长剖面和短剖面的设计，将展览、棋牌茶室、比赛区域巧妙地结合在一起，将对弈行为充分地转化为空间资源，在面积有限的公共空间中仔细考虑了各种功能最适宜的组合方式。设计不仅取得了开阔且独特的空间效果，也使棋成为一种每个人都可以体验和享受的事物，让更多人的兴趣得到激发，鼓励他们参与到棋的活动中来，实现了方案在设计之初的一个重要目标。

在设计过程中，得益于实践经历丰富的建筑师吴丹老师和陈强老师的指导，我对项目的深化和落地有了更深刻的认识。令我印象很深的是，我的方案由于公共空间面积较大而出现了防火分区难以划分的问题，两位老师提出了很多建议，让我理解了项目在走向落地、逐渐符合规范的过程中也有很多需要仔细考虑的要素，使我受益匪浅。两位老师从设计、落地、城市的角度与同学们进行开放的讨论和交流，丝毫没有先入为主的权威判断，这让整个设计过程在一种自由轻松的学术氛围中得以开展，总的来说是一次非常愉快的设计课体验。

## 形体与结构

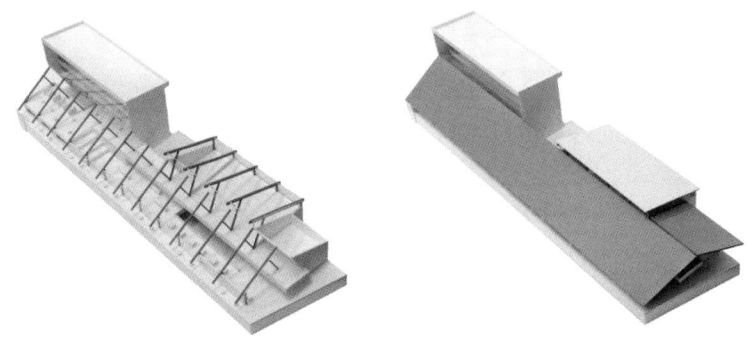

1. 交流休息
2. 棋牌文化展示
3. 休息大厅

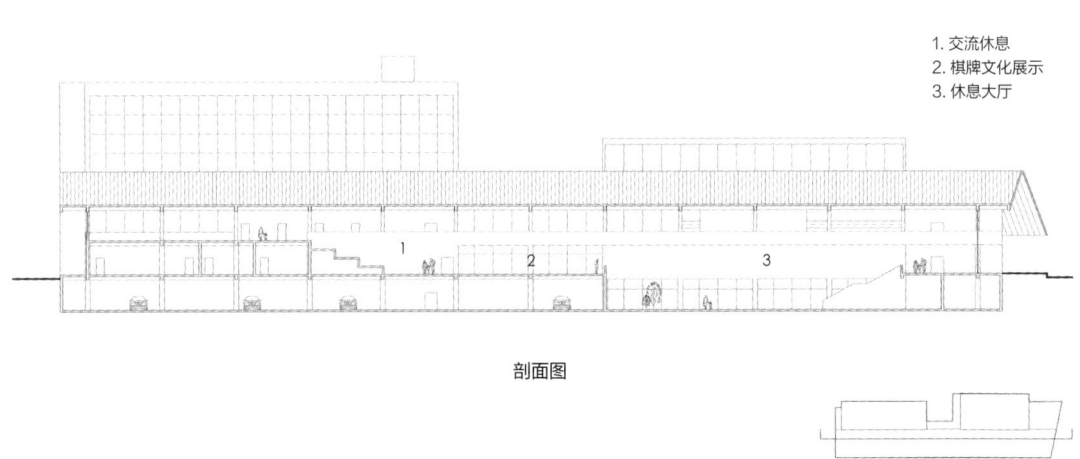

剖面图

**吴丹** 在教学过程中,我和陈强老师都质疑过毛珂捷同学在高密度的城市中心区设计这样一种大屋顶的合理性,也曾想对着沿街效果图修改立面手法,希望建筑能与周边环境更加匹配,但是却没办法抵抗这个方案本身强大的气场,不自觉地被其所吸引。我们能够感受到它内部结构、空间、光影营造出的寂静的氛围感,想静静地坐下来下一局棋。这就是这个方案的特色,像一位隐士,无论外界多么复杂迷离,内心依然笃定,在张弛有度中坚持着最初的设计想法。

学生作业精选　DIVERSE POSSIBILITIES

**陈强**　巨大、低矮的坡屋顶以一种相对内敛的姿态来应对城市中心环境，可以说是一次需要勇气的冒险。这种矛盾性既来自于项目本身的设定——棋院的沉静与闹市的繁华，也是设计者自身倔强个性的反映。纯粹而低调的外观下，是建筑丰富而有力的内部空间。综合了屋顶形态、结构思考、光线组织和地下空间等元素的剖面设计很精彩，虽然结构还有一定的优化空间，但设计似乎具备了一点郊外的特性。

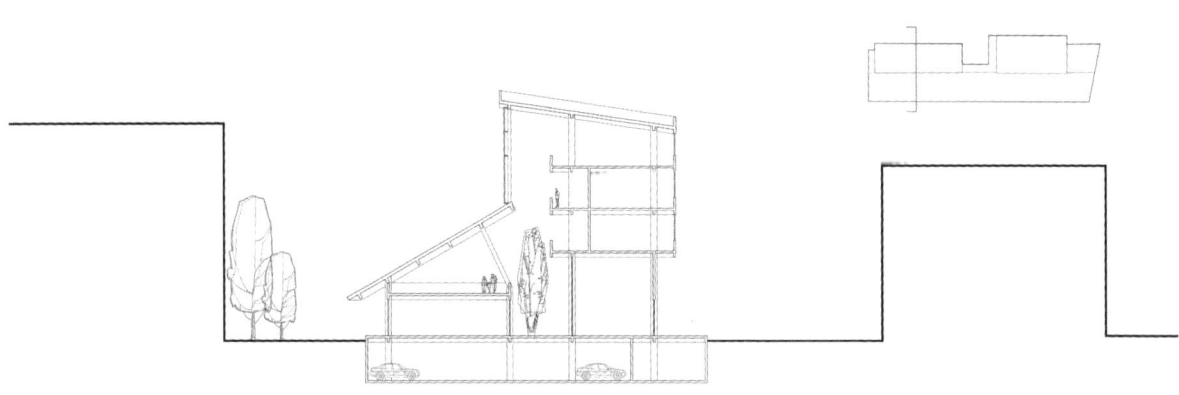

剖面图

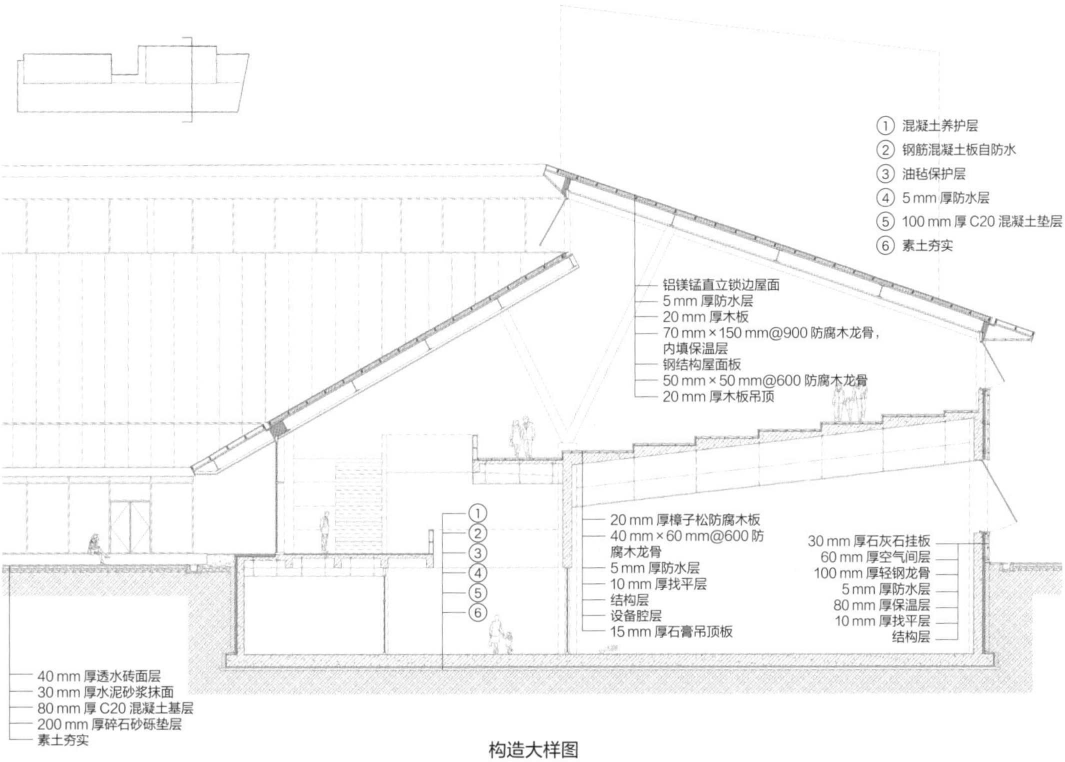

## 学生作业精选 DIVERSE POSSIBILITIES

① 混凝土养护层
② 钢筋混凝土板自防水
③ 油毡保护层
④ 5 mm 厚防水层
⑤ 100 mm 厚 C20 混凝土垫层
⑥ 素土夯实

铝镁锰直立锁边屋面
5 mm 厚防水层
20 mm 厚木板
70 mm × 150 mm@900 防腐木龙骨，内填保温层
钢结构屋面板
50 mm × 50 mm@600 防腐木龙骨
20 mm 厚木板吊顶

20 mm 厚樟子松防腐木板
40 mm × 60 mm@600 防腐木龙骨
5 mm 厚防水层
10 mm 厚找平层
结构层
设备腔层
15 mm 厚石膏吊顶板

30 mm 厚石灰石挂板
60 mm 厚空气间层
100 mm 厚轻钢龙骨
5 mm 厚防水层
80 mm 厚保温层
10 mm 厚找平层
结构层

40 mm 厚透水砖面层
30 mm 厚水泥砂浆抹面
80 mm 厚 C20 混凝土基层
200 mm 厚碎石砂砾垫层
素土夯实

构造大样图

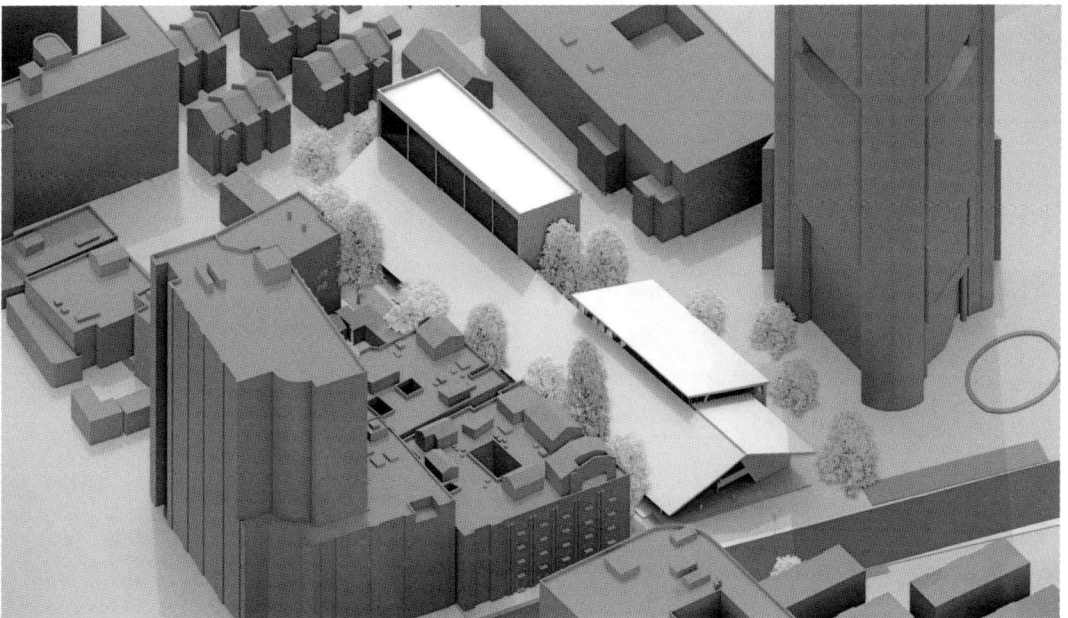

## "筒"间棋院

学生 / 张涵琪（2021级）学
导师 / 张　扬 企
　　　 陈　易 校

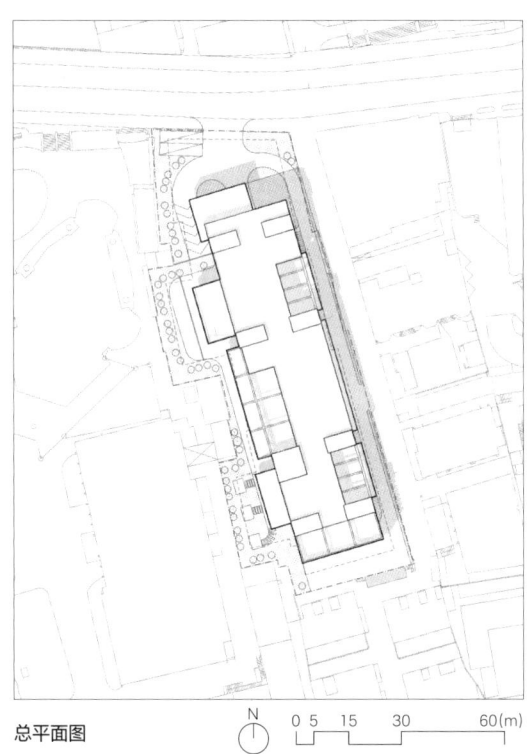

总平面图

N　0　5　15　30　60(m)

### 设计简介

设计主要通过8个核心筒支撑起整座建筑的悬挂体系，解放了一层空间，使建筑在城市界面营造出开放而自由的活动氛围。核心筒一方面作为建筑主要支撑结构，另一方面明确划分出了服务空间与被服务空间的关系，使得建筑空间与结构形成较强的逻辑关系。入口空间使用巨大的悬挑结构创造出独特的观赛空间和建筑入口造型，使得建筑功能结构与造型得到了统一。建筑内部空间规划横平竖直，与棋盘的网格结构相呼应，也与棋艺博弈中严谨的逻辑思辨思维不谋而合。

跟随企业老师学习和设计的过程对我开启设计生涯产生了很大的帮助。从中我深刻体会到了建筑学是工程类学科，所有的设计都以最终落地修建为目标。相较于纯粹的设计课，在企业导师的指导下，我强化了自己综合考虑建筑设计的能力，大到功能空间对城市的贡献，小到建筑构造的细节处理和表达。与此同时，老师分享了许多钢结构的施工设计图纸，由此我也更加直观和深刻地理解了建筑的构造和施工细节，使我更快适应了之后实际设计项目的工作。

## 形体生成

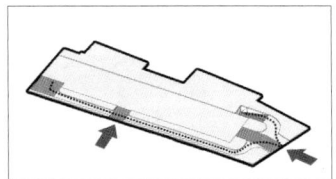
入口设置与车行流线

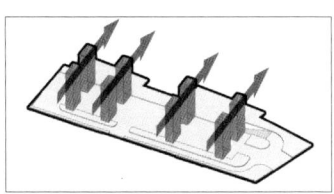
8 个筒体分割长条体量

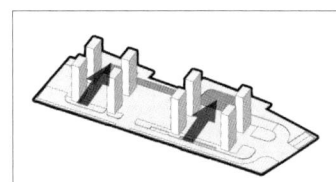
根据用地范围生成院子

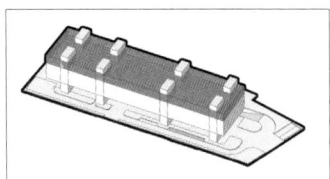
悬挂体系解放一层平面空间

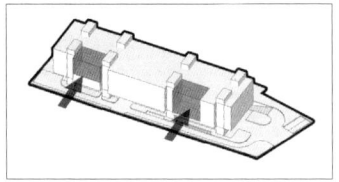
东侧退让 2 个花园

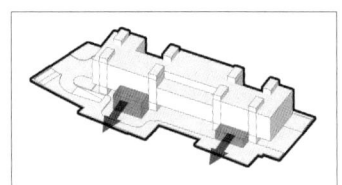
西侧凸出 2 个花园

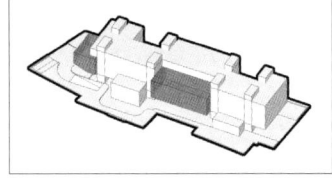
放置 2 个主要功能空间

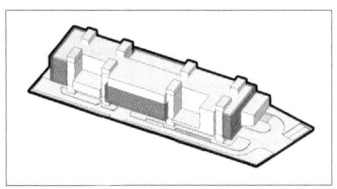
穿孔铝板表皮统一方案整体性

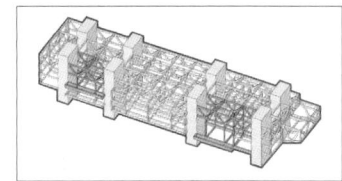
完整结构框架

**陈易** 尽管如今在绝大部分国家和地区，建筑与结构分属两个不同的专业，但在早期二者却往往是一体的，历史上著名的建筑师常常具有丰富的结构知识，甚至其本人同时也是工程师，如：我们非常熟悉的达芬奇（Leonardo da Vinci, 1452—1519）、奈尔维（Pier Luigi Nervi, 1891—1979）、卡拉特拉瓦（Santiago Calatrava, 1951— ）等，他们兼具建筑师和工程师的能力，因此创作出独特、合理、优美的建筑。

该方案设计亦尝试运用大空间的结构形式来表现建筑，在临街立面通过悬挑方式突出入口，形成大胆、具有一定视觉冲击力的效果。

学生作业精选　DIVERSE POSSIBILITIES

**张扬**　张涵琪同学的设计凸显了建筑结构的一体化设计理念。从设计初期到完成，张同学始终如一地坚持了结构与形式的互相统一，对建筑体量采用理性的结构化分解，即利用 8 个竖向结构框筒悬挂起棋院的水平体块，配合空间桁架的利用，使得原本拥挤的建筑与场地呈现出悬浮的效果，也化解了棋院场地过于狭长带来的空间布局单调性。她在设计中将结构元素融入到建筑设计的方方面面，实现了结构与功能的完美统一。这种一体化设计不仅体现了她对建筑美学和功能性的追求，同时也展现了对建筑整体性和技术性的高度重视。

## 结构解析

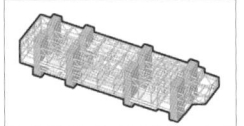 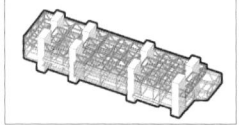 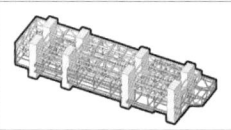 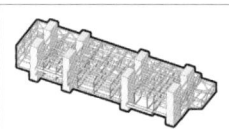

8个筒体作为竖向承重体系　　一层桁架作为横向承重体系　　桁架悬挂起两层功能空间　　桁架悬挂体系柱网设置灵活

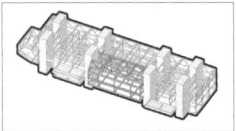 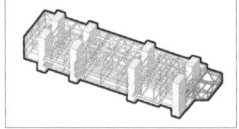 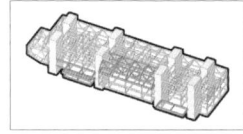 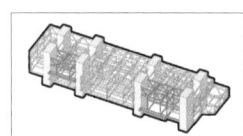

比赛大厅结构解析　　观赛厅结构解析　　凸出花园结构解析　　凹进花园结构解析

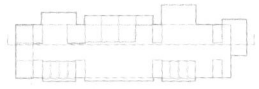

1. 室外设备平台
2. 厨房
3. 管理用房
4. 隔油间
5. 排风机房
6. 专业训练用房
7. 食堂
8. 运动员休息室
9. 棋牌图书阅览室
10. 多功能比赛大厅
11. 棋牌文化展示馆
12. 训练室
13. 休息室
14. 媒体工作间
15. 媒体休息室
16. 贵宾休息室
17. 裁判休息室
18. 门厅
19. 观赛厅
20. 地下车库入口

剖面图

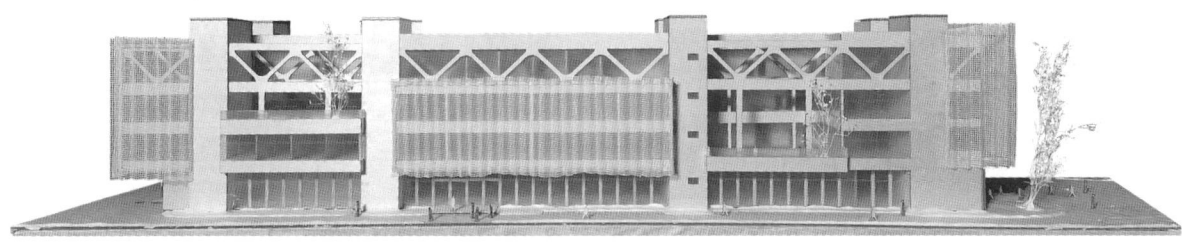

模型展示

**结**

**刘冰** 该建筑方案构造了一种反向的流动,在结构顶部构建了一个巨型桁架,将二、三层楼板吊挂在顶部桁架中,力先向上传递,再通过巨型桁架转移到两侧的竖向构件,最后向下传递到基础中。通过这一反向操作,使得建筑底层空间被彻底释放,营造出一个宜人的无柱空间作为共享交流平台,同时将二、三层的竖向构件由压杆变为拉杆,构件尺度大为优化,增加了建筑内部的使用舒适性。而且,这种巨构本身作为建筑语言的重要部分展示在立面上,形成了高技派的震撼表现力。总体而言,该作品在空间的塑造中,充分地考虑了结构的机理及其表现,将建构有机结合,严谨而富有冲击力,是一份优秀的设计方案。

# 共弈，共享

学生 / 丁明琦（2021级）学
导师 / 张　扬 企
　　　陈　易 校

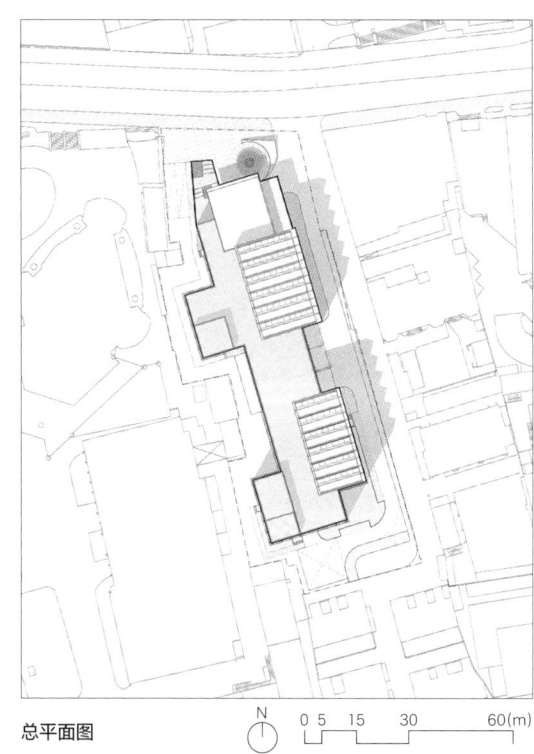

总平面图

## 设计简介

棋院作为一个知识和智慧的交流平台，其建筑设计应特别关注两点：一是公共服务功能和自身教学运营功能在统一的建筑系统中的融合，二是北侧面向城市道路展现的建筑姿态。针对前者，我认为要利用好空间的纵深，让建筑功能空间的私密性从北向南逐渐提升。公共服务部分围绕阶梯活动区呈环形布局，通过中央的休闲长廊连接训练室和教学室，形成从公共向私密的过渡，比赛空间则位于建筑最高层，隔绝日常服务的干扰。针对后者，我认为要在展示面上充分体现出建筑内部空间的特质。大台阶展示了门厅空间的欢迎和包容，侧面的体量穿插暗示了公共空间的活跃，大悬挑则突出了建筑最核心的部分——比赛空间，连续的坡屋顶为大空间引入自然采光，并利用南坡面光伏发电，展现出棋院与环境互动的一面。

学生作业精选 DIVERSE POSSIBILITIES　　　　　　　　　　　　　　　　　　　　　　　　　　　　/091

　　相比于过去的设计课，我认为上海棋院的设计课程比较有特色的一点就是引入了企业导师。由于企业导师们长期在设计一线工作，因此对把控设计全流程更有经验，有的时候他们会结合自身的项目经历为我们解答疑问，非常有说服力。在设计过程中，两位老师不单单是在引导我们实现自己的设计目标，还会告诉我们要实现某种设计效果可以采用什么样的构造方法，并且会将比较前沿的设计方法带入课堂，能够很好地开拓我们的眼界。实践和理论相辅相成的授课模式让我能够记牢纷繁的知识，并将其运用到设计中。

## 形体生成

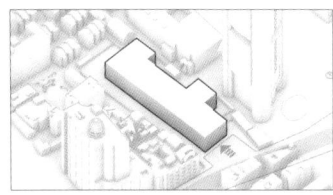

根据红线形状升起大致建筑体量，北侧退让形成节点广场

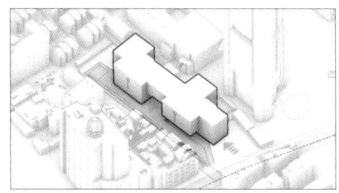

集中场地车行出入口，减少对主要步行人流的干扰

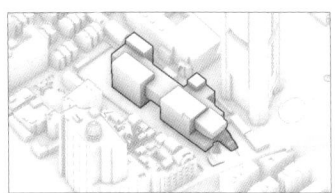

根据功能布局调整形体关系，利用大台阶引导主要人流

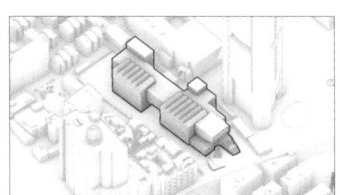

连续坡屋顶消解大体量的压迫感，呼应场地内的传统里弄建筑

**张扬**　丁明琦同学的设计以"共弈，共享"为理念，巧妙地利用场地升起建筑体量，充分体现了对场地与城市关系的敏锐洞察。北侧退让形成的节点广场，不仅为人们提供了休憩和交流的空间，还通过纪念碑式的曲线围合体量，增强了场地的象征性和文化感。

设计通过集中场地的车行出入口，减少了对主要步行人流的干扰，为行人创造了更加安全和流畅的动线体验。在功能布局上展现了对形体关系的精准把握，通过大台阶引导人流，自然地将建筑与城市融为一体，并延伸出两个面向城市的窗口，营造出开放的城市界面。连续的坡屋顶是整个建筑形体设计的亮点，这一设计不仅巧妙地消解了建筑大体量带来的压迫感，还呼应了场地周边传统里弄建筑的形态与节奏，展现了丁同学对建筑与环境和谐共生的深刻理解。

**陈易**　该基地十分狭长，西邻某机构的现状高层办公楼、南邻现状住宅、东侧退界后相对宽敞、北侧则是南京西路。南京西路知名度很高，也是机动车进入基地的唯一城市道路，因此，如何处理建筑物临南京西路的立面是需要仔细推敲的。方案在满足基本功能需求的基础上，对建筑物的北端进行了处理，运用若干体块组合，通过悬挑、架空的方式，结合墙体、室外楼梯、平台、植物等元素，形成了一处富有变化、高低错落、较为独特的入口空间，成为设计的亮点。

学生作业精选　DIVERSE POSSIBILITIES

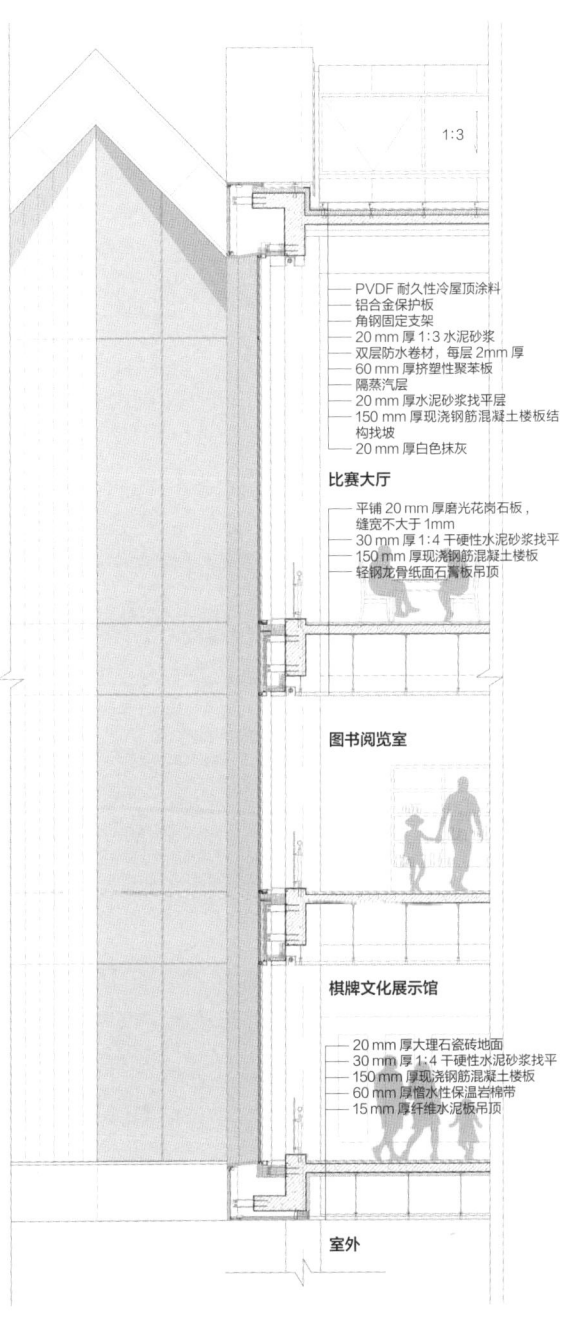

PVDF 耐久性冷屋顶涂料
铝合金保护板
角钢固定支架
20 mm 厚 1:3 水泥砂浆
双层防水卷材，每层 2mm 厚
60 mm 厚挤塑性聚苯板
隔蒸汽层
20 mm 厚水泥砂浆找平层
150 mm 厚现浇钢筋混凝土楼板结构找坡
20 mm 厚白色抹灰

比赛大厅

平铺 20 mm 厚磨光花岗石板，缝宽不大于 1mm
30 mm 厚 1:4 干硬性水泥砂浆找平
150 mm 厚现浇钢筋混凝土楼板
轻钢龙骨纸面石膏板吊顶

图书阅览室

棋牌文化展示馆

20 mm 厚大理石瓷砖地面
30 mm 厚 1:4 干硬性水泥砂浆找平
150 mm 厚现浇钢筋混凝土楼板
60 mm 厚憎水性保温岩棉带
15 mm 厚纤维水泥板吊顶

室外

构造大样图

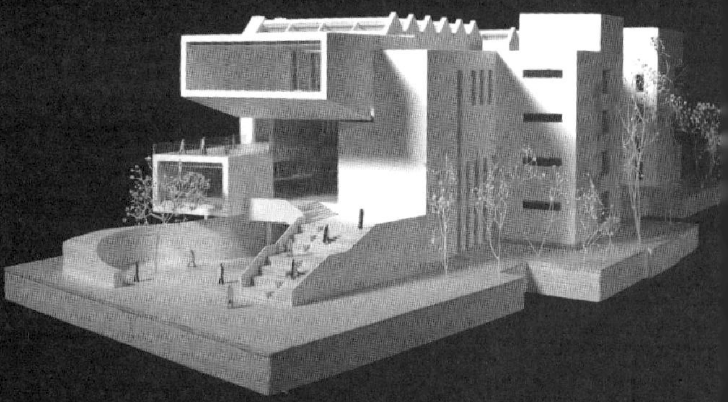

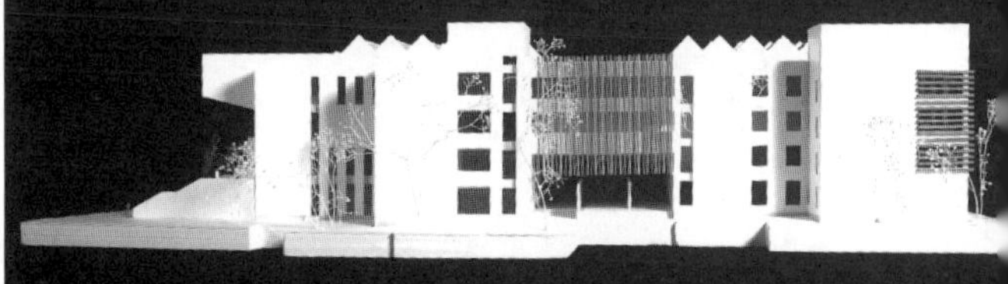

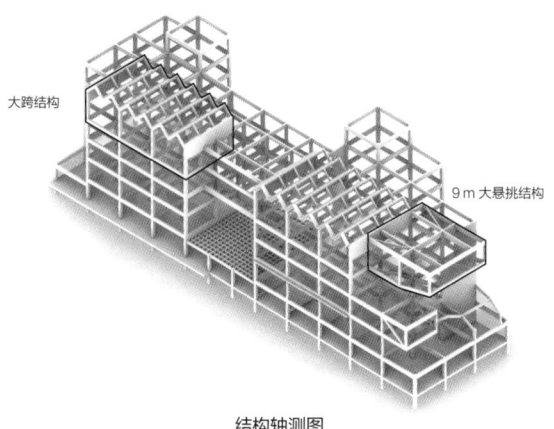

结构轴测图

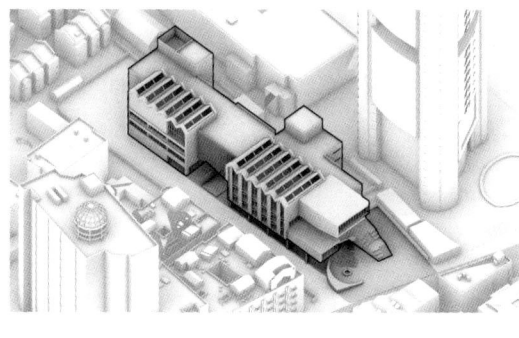

轴测图

| | |
|---|---|
| 1. 讲解室 | 13. 门厅 |
| 2. 专业训练室 | 14. 教研室 |
| 3. 厨房（含备菜） | 15. 观赛前厅 |
| 4. 备菜 | 16. 媒体工作间 |
| 5. 食堂 | 17. 贵宾休息室 |
| 6. 体训休息区 | 18. 裁判休息室 |
| 7. 隔油间 | 19. 地下停车场 |
| 8. 垃圾房 | 20. 比赛大厅 |
| 9. 专业观赛厅 | 21. 公共棋廊 |
| 10. 体能训练室 | 22. 棋牌文化展示馆 |
| 11. 新风机房 | 23. 咖啡店 |
| 12. 管理用房 | 24. 休息厅兼公共放映厅 |

剖面图

模型展示

# 基于历史文脉的棋院园林式重塑

学生 / 闫 瑾（2021级）
导师 / 曹 亮
　　　孟 刚

总平面图

N　0　5　15　30　60(m)

## 设计简介

　　本研究型设计从南京西路的变迁和跑马场的发展历史入手，发掘出场地在历史上长期作为运动场地的文脉，结合当代市民的活动及健身需求，对建筑空间进行分配和再组织。通过一系列节点空间的植入，加强人与人之间的对望和交流，为人际交往触发更多可能。首层空间在充分探究了场地与道路及周边建筑关系的基础上，引入内外两条流线，用于区分不同的使用人群；二、三层植入通高的棋牌室及庭院，将光线更好地引入棋牌区域；屋面的设计运用了穹顶漫反射原理，实现了一系列适用的构造大样，现实可行性较高；在立面的设计上，充分运用棋盘的意象，采用特定的外挂石材构造，沿街面很好地消隐了大体量建筑的存在感；面向里弄的一侧，采取将大体量切割为小体量的方式，与里弄建筑的小尺度相呼应。建筑整体充分地融入了场地的历史文脉和现实的街道空间，展现出场地特有的历史文化内涵。

学 设计课引入企业导师是一次非常大胆的创新尝试,可以让我们在课程作业中与设计院的专家紧密接触,不断学习。在这样的课堂上,我们可以自由地与企业导师探讨最新的构造材料和结构形式,全方位思考设计项目实际落地的可能性,从而使建筑设计课程作业更加具有实际运用的价值和意义。此外,企业导师与学校导师拥有两种不同的教学思路,他们分别从实际运用价值和学术思维方向入手,帮助学生全面地、更好地打磨作品。希望今后的学弟学妹们也可以在这样的培养模式下探索到课程的更多乐趣!

## 形体生成

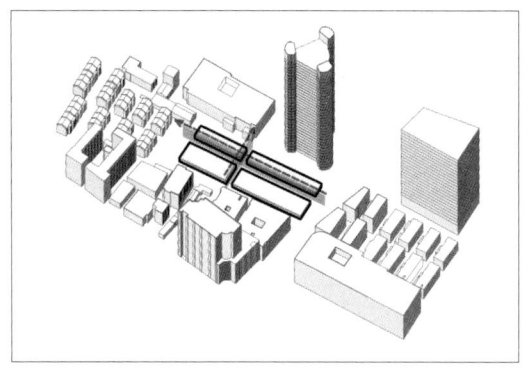

顺应场地南北两个里弄及东面住宅区的肌理,延续城市街巷,便于行人穿越,增强步行连贯性

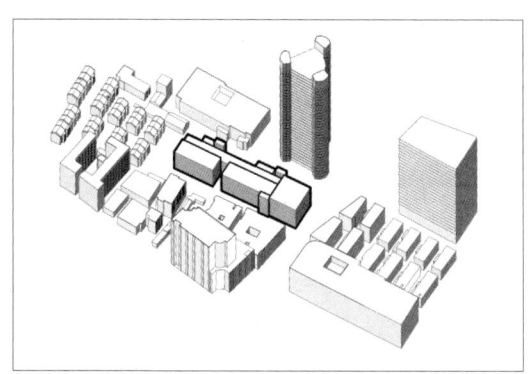

根据与城市道路和周边建筑的关系,区分建筑的功能分区

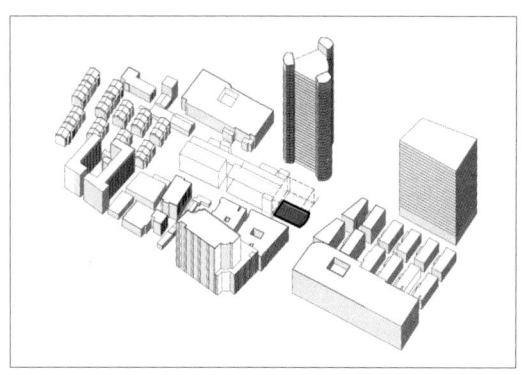

为强化与城市界面的互动,在沿南京西路侧植入下沉剧场,同时与室内剧场形成视线互动

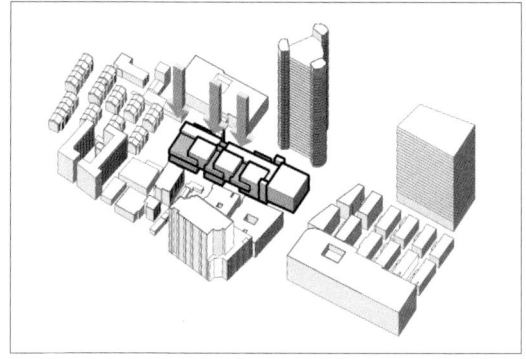

为凸显园林式茶棋空间的设计概念,在建筑中植入一系列庭院和露台作为公共活动的空间

**曹亮** 该方案以场地历史文脉为基石,通过园林空间的创新重塑,赋予了棋院新的生命力与活力。设计的巧妙之处在于完美融合了传统空间布局与现代设计元素,既展现了棋院深厚的历史底蕴,又与城市现代景观和谐共生。在空间规划和景观设计方面,方案巧妙运用了借景、框景、对景等园林设计手法,营造出静谧而深邃的棋文化氛围。此外,设计还将入口空间巧妙转化为半开放的灰空间,不仅丰富了建筑的层次感,更为棋院与城市之间搭建了一个互动与对话的平台,让传统与现代在这里碰撞与交融。

学生作业精选　DIVERSE POSSIBILITIES

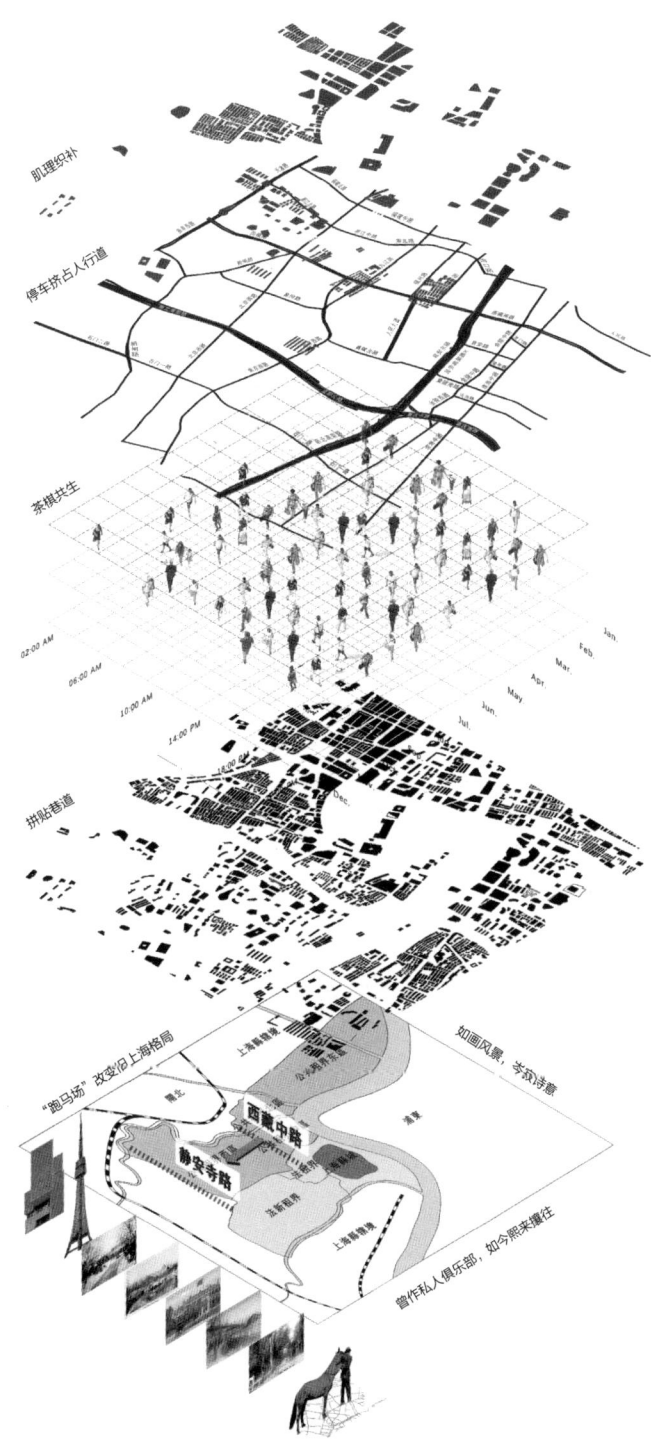

场地历史回顾与现状梳理

构造大样图

① 3 mm 厚仿石铝板压顶及翻边
② 20 mm 厚穿孔铝板（浅色）
③ 30 mm 厚米黄色花岗岩石材
④ 防水透气膜
⑤ 50 mm 厚防火保温岩棉（A级）1.5 mm 厚镀锌钢板封闭
⑥ 界面剂
⑦ 240 mm 厚钢筋混凝土女儿墙
⑧ 20 mm 厚 1:3 水泥砂浆保护层
⑨ 3 mm+3 mm 厚双层 SBS 改性沥青防水卷材
⑩ 40 mm 厚挤塑聚苯保温板
⑪ 20 mm 厚 1:3 水泥砂浆找平层
⑫ LC5.0 轻集料混凝土 1% 找坡层
⑬ 现浇钢筋混凝土面板
⑭ 20 mm 厚石质屋面砖
⑮ 60 mm 厚 1:3 水泥砂浆保护层
⑯ LC5.0 轻集料混凝土 2% 找坡层
⑰ 30 mm 厚水磨石面层
⑱ 20 mm 厚水泥砂浆找平层

**孟刚** 这是一个理性、沉静、内敛的方案，与棋院建筑的性格紧密吻合。平面图中直观呈现的结构网格反映了设计者对建构合理性的重视，即降低技术风险，以通用技术为基础实现建造目标。同时，设计者在功能理性与结构理性的协调方面反复推敲，最终得到了较为满意的结果。而剖面图呈现的内部空间变化、长向立面上开窗与遮阳的设计，又体现了建筑超越理性的多彩变化，恰如弈棋者内心世界的斑斓。这个方案以这样的方式实现了丰富性，让自己内敛的性格变得更为坚实有力，且不乏灵动之处。

模型展示

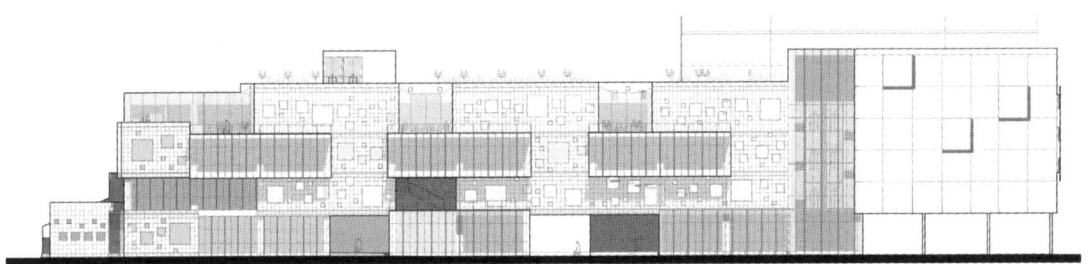

东立面图

1. 消防控制室
2. 储藏室
3. 专项训练用房
4. VRV 室外机放置平台
5. 厨房
6. 管理用房
7. 体能训练用房
8. 露台
9. 媒体休息室
10. 食堂
11. 城市书房
12. 茶楼二层
13. 茶楼一层
14. 地下车库
15. 主门厅
16. 决赛对局室
17. 茶棋空间
18. 观赛厅
19. 舞台
20. 多功能比赛大厅
21. 棋牌文化展示馆
22. 室外舞台
23. 室外剧场

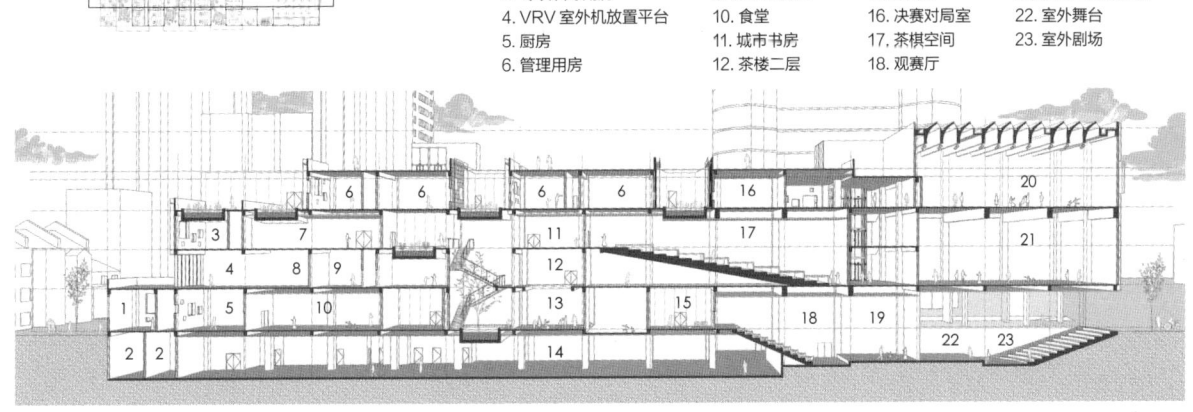

剖透视图

# 覆叠·棋间

学生 / 王雨晴（2021级）
导师 / 曹　亮
　　　孟　刚

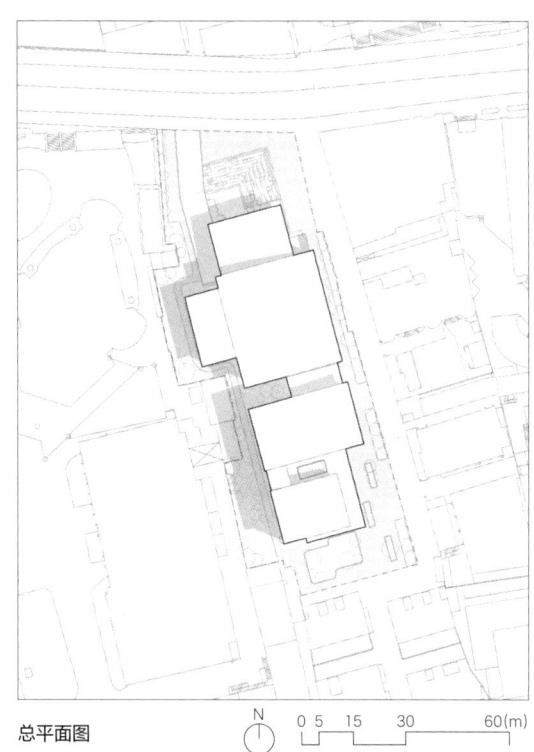

总平面图

## 设计简介

"山僧对棋坐，局上竹阴清。"作为聚焦于方寸之间的运动，棋盘不似其他的运动场地般开阔宏大。由这一特征出发，我通过对空间的构成元素进行几何提取与材料转译，创作了此方案设计。"覆叠·棋间"描述的是树影斑驳错落，落在棋盘之上、棋子之间的意境。棋盘外看棋之人热闹纷扰，而层层向内，回到棋盘上又是不染一丝尘埃的宁静。建筑以柔曲舒展的屋面展现下棋场所之悠闲舒适。屋面的层层叠叠，由最初面向南京西路的低矮开放，到深入场地内部的高耸私密，每层都作出了对功能的回应。建筑结构通过剪力墙与弯曲屋面结合，应对功能空间的构成元素，并与其共同形成服务与被服务的分区。方案由内到外展现了建筑对功能与概念的回应。

在参与此次设计课程的过程中，我对专业设计有了更深入的了解。本次课程设置了较长的设计研究的时间，并在成果需求上着重设计、弱化表达，这让我能更注重于设计本身，并且更专注地研究与构思细节。同时，企业导师提供了全新的视角和经验，除了提出设计方面的指导，还从实践的角度提出设计可行性意见，使我了解到设计实践中将要面对的要点和难点，为日后的学习和工作打下了基础。此次课程设计经历让我收获了很多实用的设计经验和技巧，我相信这将对自己未来的工作和发展产生积极影响。

## 形体生成

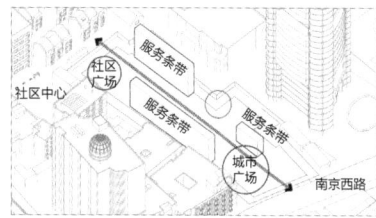

**STEP1　分区规划**
将服务条带置于场地两侧的同时退让广场

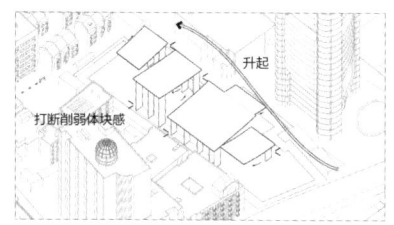

**STEP2　概念转译**
打断服务体块作为剪力墙,落下层叠屋面

**STEP3　功能置入**
由私密到开放,在大屋顶下置入功能

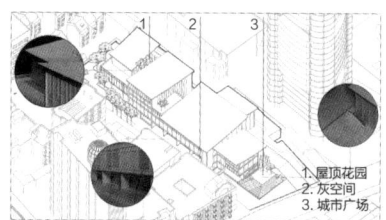

**STEP4　空间塑造**
设置屋顶花园、灰空间、城市广场

1. 空调机房
2. 卫生间
3. 比赛大厅
4. 文化展示馆
5. 公共阅览
6. 纪念品商店
7. 媒体区
8. 演播厅
9. 停车库

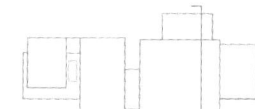

北立面图　　　　　　　　　　　　　剖透视图

## 学生作业精选　DIVERSE POSSIBILITIES

**曹亮**　该作业"覆叠·棋间"的灵感，源于白居易《池上》一诗中"山僧对棋坐，局上竹阴清"的意境。设计者深刻捕捉到树荫斑驳、对坐手谈的恬静氛围，以此作为设计的核心立意。在此设计中，树影婆娑与对弈者对坐的静谧场景被巧妙融合，营造出一种超脱尘世的清幽与雅致。此外，设计者在空间布局上匠心独运，从开放到私密的空间过渡自然流畅。大片坡屋顶的巧妙运用，不仅体现了传统建筑韵味，更为棋院建筑增添了一抹灵动与飘逸的美感。

## 层叠

柔曲舒展屋面下的共享开放

1. 教学科研
2. 管理办公
3. 变电所
4. 停车库
5. 专业训练
6. 开放交流
7. 体能训练
8. 运动员休息
9. 次门厅
10. 放映厅
11. 比赛大厅
12. 文化展示馆
13. 比赛厅前厅
14. 门厅
15. 公共阅览
16. 咖啡厅

**孟刚**　本方案以弧形坡屋面为视觉特色，是设计策略多样化的一个例子，尤其体现了设计者摆脱已建成棋院建筑影响的努力。设计者之所以采用这样的屋顶形式，其意图在于为内部空间及外部造型增加柔和舒展的气息，避免冷漠坚硬，消除环境的紧张感。由于基地形状狭长，且临街面为窄边，所以在几经比较后，方案选择数个弧形屋面分段组合的方式，沿窄边起坡，这样就让屋顶弧线直接呈现在南京西路的行人眼前。同时，设计者对垂直支撑结构进行了一定梳理，剪力墙与框架柱各司其职，合理有效地形成了虚实差异。

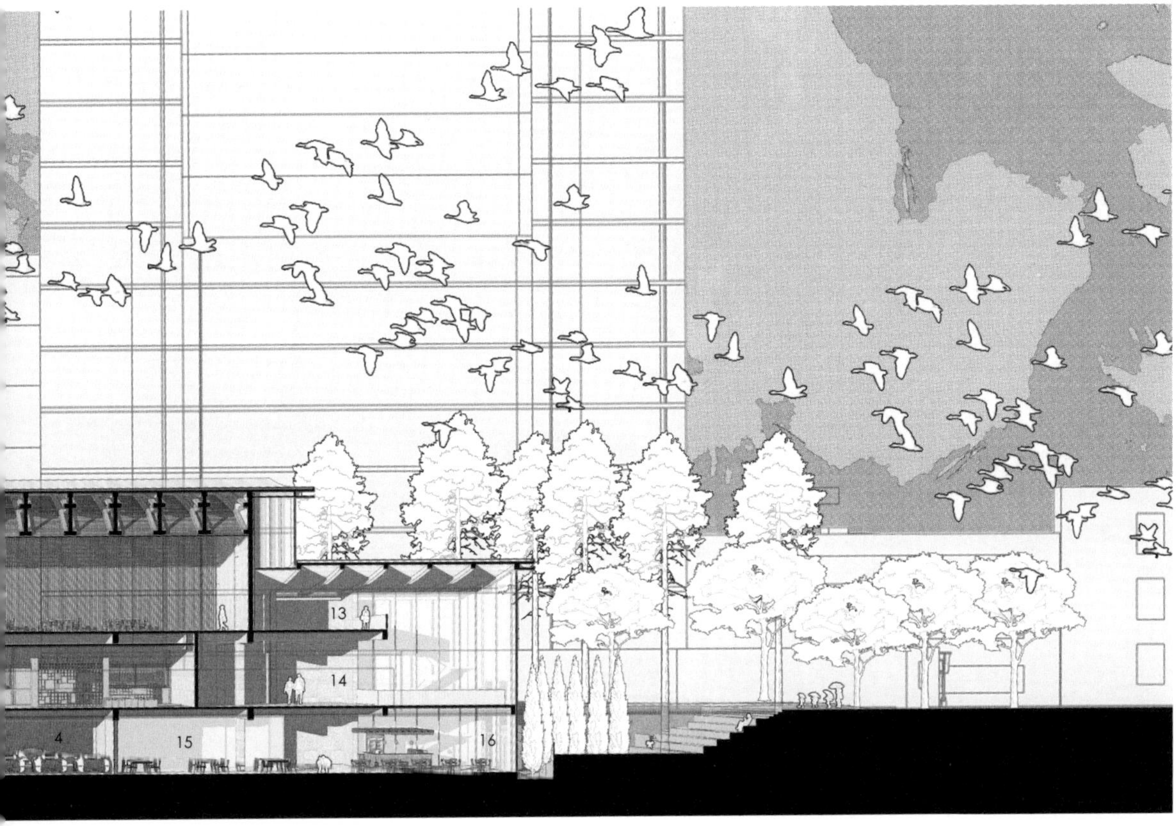

剖透视图

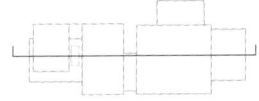

# 盒中棋院

学生 / 陈 晴（2022级）
导师 / 文小琴
　　　王志军

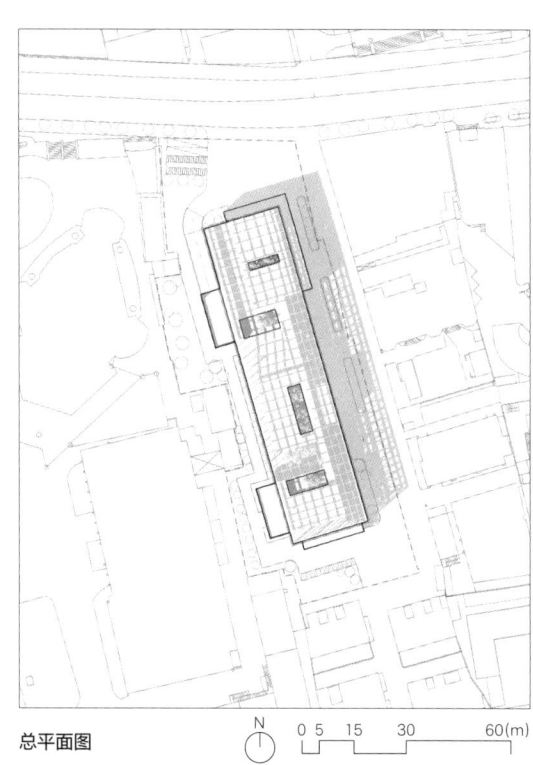

总平面图

## 设计简介

"棋者，弈也；下棋者，艺也。"棋文化是一种具有丰富内涵的文化形态，其悠久的历史影响着人们的道德观念、行为准则、审美趣味和思维方式。因此，在我看来，上海棋院作为展示棋文化的媒介之地，不应该孤芳自赏，而应该以包容和开放的姿态容纳更多的棋艺形式，吸引更多的棋类爱好者。

本次设计试图从城市层面出发，创造一个高密度城市空间中的包容性场所，同时以不同于周边建筑的独特建筑形态来展示其个性。建筑空间以"house in house"的形式重新塑造，外部形态整体统一、低调静谧，展示棋院风度；内部空间不再仅仅强调水平或垂直的力量，而更加注重人们在多向度空间中的交流，希望以此突出其文化形象，重塑上海棋院的更多可能。

学生作业精选 DIVERSE POSSIBILITIES　　　　　　　　　　　　　　　　　　　　　　　　　　　　　　　　　　　　　　　　／109

## 学

　　这门设计课程历时一学期得以完成，在此过程中我学到了很多，也有很多感悟。通过独立完成从基地调研、案例分析、方案设计到设计深化这一项具有一定深度的建筑实践课程作业，我对建筑设计中的材料选择、消防疏散、基础规范等要求有了更多的学习与了解。

　　两位指导老师为我实现自己的设计想法提供了许多支持与帮助。企业导师文小琴老师在实际项目的设计与建造上有着诸多经验，学院的王志军老师也指导过诸多设计课程，教学经验丰富。在文老师和王老师的共同指导下，尤其在课程后期，复杂多样的建筑空间所带来的消防疏散、排烟以及细部构造设计等问题最终都得以顺利解决。同时，我也从中了解到实际工程项目中的许多专业知识。

## 场地分析

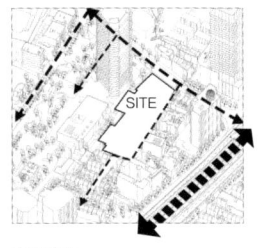  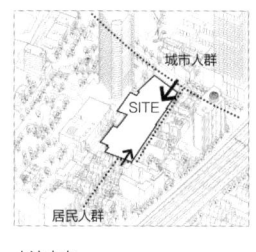 

交通关系　　　　　　　周边功能　　　　　　　人流来向　　　　　　　主要界面

## 形体生成

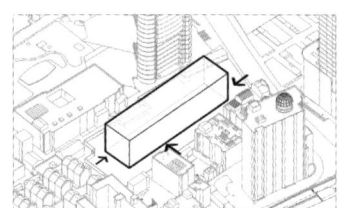 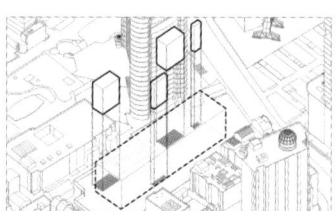 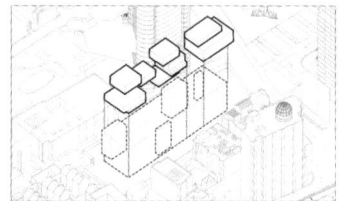

置入体块　　　　　　　置入垂直交通核　　　　　置入功能体块

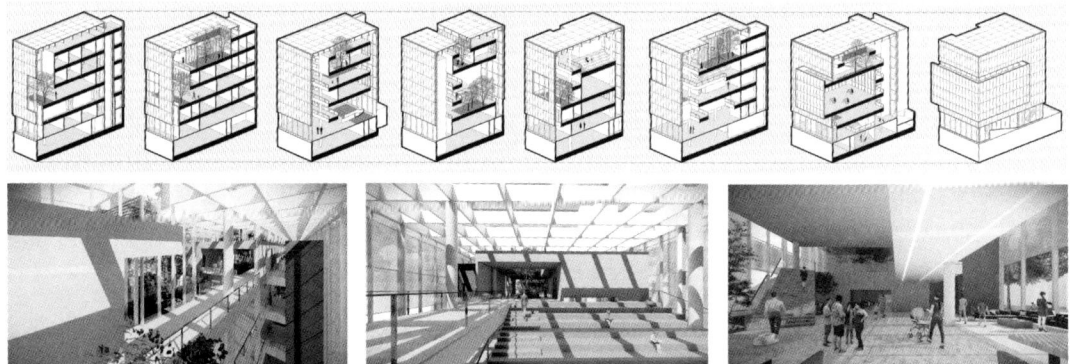

方案概念以营造从棋"院"到棋"园"的转变为目的，将内外部空间以"house in house"的模式进行重新塑造，外部形态整体统一、低调静谧；内部空间不再仅仅强调水平或垂直的力量，而更加注重人们在多向度空间中的交流。从私密到开放的不同程度，将建筑依次分为专业棋类功能、休闲棋牌文化展示以及共享空间，三种空间模式相互穿插、互相渗透。

学生作业精选　DIVERSE POSSIBILITIES

**文小琴**　陈晴同学的设计，从对弈的文化特征出发，把整个活动纳入一个简单的方盒之中。简洁的体形超脱于旁边纷杂的市井，截取一方壶中天地，卓然世外。方案随后对方盒从不同维度进行巧妙的空间设计，综合利用不同层高与标高，形成阿道夫·路斯（Adolf Loos）所谓"空间容积规划"（Raumplan）的特征，视线在不同层级流动、渗透，步移景易。

1. 比赛大厅
2. 休息厅
3. 咖啡厅＆简餐
4. 棋牌图书阅览室

① 种植土壤
② 无纺布隔离层
③ 轻质陶粒层
④ 大鹅卵石层
⑤ 现浇 LB-23 防水粉细石混凝土刚性防水层
⑥ 0.5 mm 厚塑料薄膜隔离层兼耐根穿刺层
⑦ 1.5 mm 厚 LB-3 氯化聚乙烯－橡胶共混卷材
⑧ 2 mm 厚 LB-2 沥青聚氨酯防水层
⑨ 混凝土板面

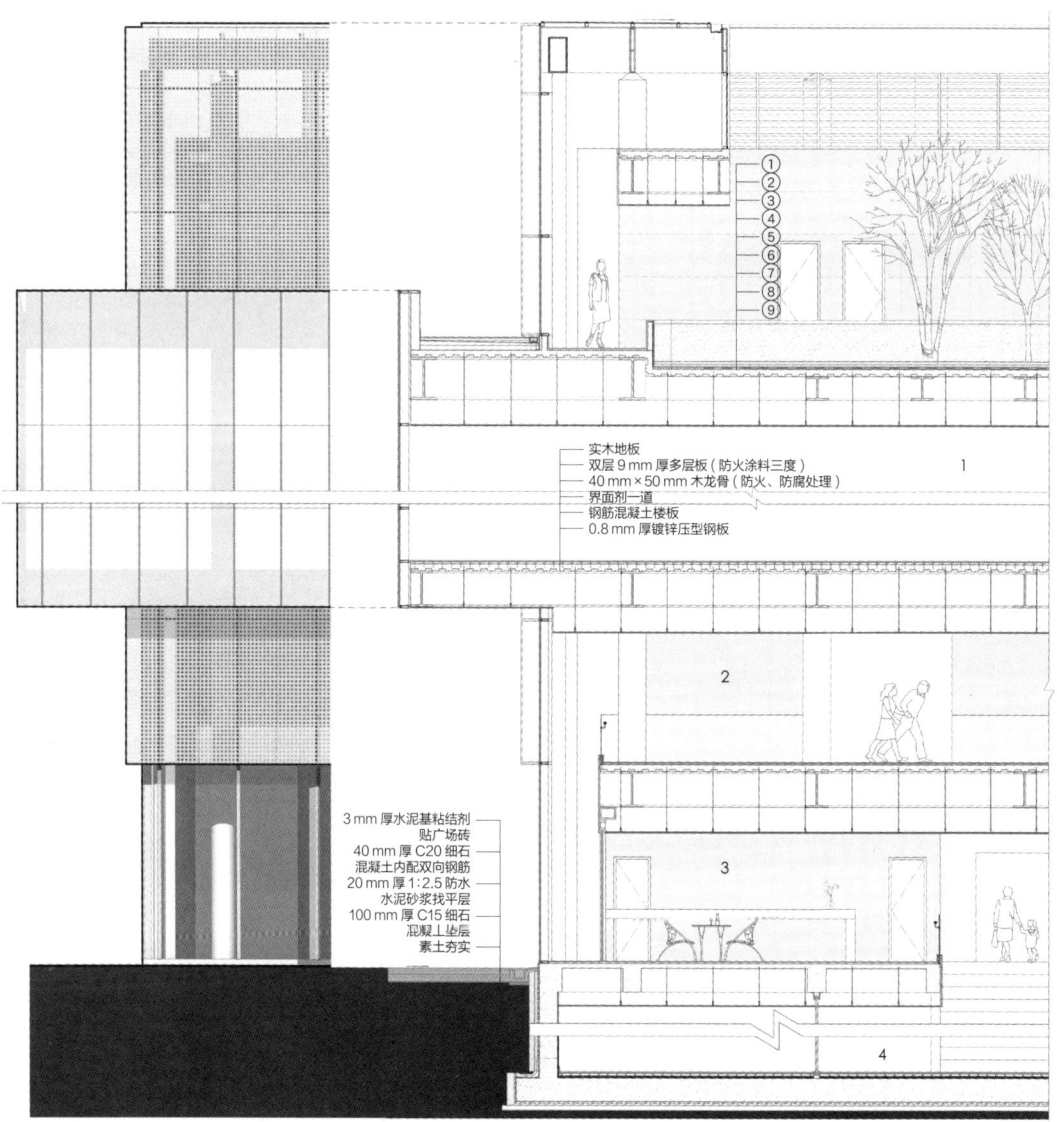

构造大样图

**王志军** 设计先将各类不同功能及组合凝为不同的"盒子",再以交错有致的规则建立组合。底层的开放空间以棋牌运动的展示与推广为主要功能,吸引了不同社区、棋牌爱好者等受众对棋牌文化予以关注。"盒子"随功能逻辑错动,产生了不同层高的共享空间,变化丰富。而屋面又一次以阶梯的方式鼓励共享,提供阅读、休憩等活动场所。

设计中的焦点,在于这些功能化的"盒子"在一个大"盒子"包被下,形成了大量的"间隙"空间,与众多的实体与共享空间建立整体性,室内空间多样,形态有机。

建筑采用钢结构,在穿孔板幕墙上形成表皮,辅以玻璃幕墙和开孔再次组织立面,强化整体性。

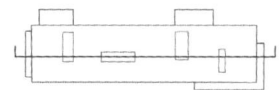

剖轴测图

# 院

学生 / 苏鹏鑫（2022级）学
导师 / 文小琴 企
　　　王志军 校

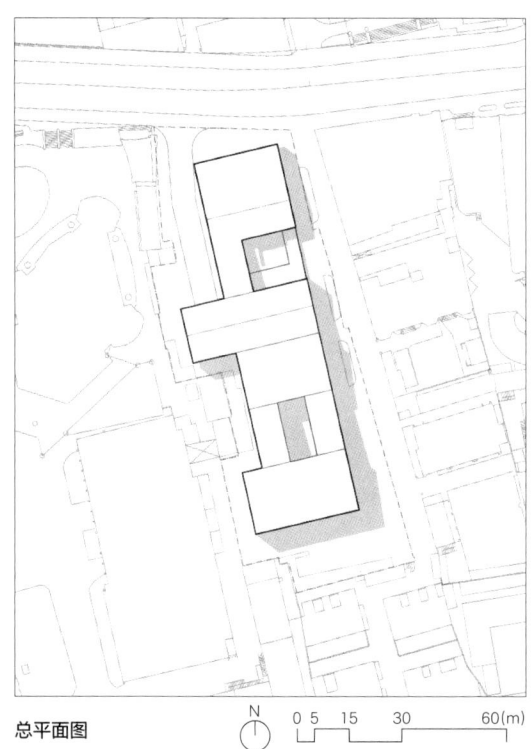

总平面图

## 设计简介

该方案以"院"作为核心概念来应对周边住宅及棋牌功能，创造出具有互动性和传统文化特色的社区空间，达到与周边环境和谐共处的状态。首先，设计采用坡屋顶及砖墙纹理的陶板幕墙，进一步增强中国棋牌文化的气质和韵味。其次，在用地条件有限的情况下，如何处理社区及棋牌功能之间的关系，是本次设计的主要难点。设计巧妙地将棋牌功能置于上层，满足功能需求，底层则布置社区公共空间及商业功能，形成竖向立体的功能布局，借助对外开放的院落，创造出与城市共享且富有社区氛围的建筑空间。

本次设计与以往有所不同，更强调建筑设计的落地性，锻炼我们在多重条件的限制下设计出富有特色且符合相关规范的建筑。这一过程让我对建筑师在社会中所扮演的角色、职责和所承担的工作有了更深刻的理解，也体会到了其中的复杂性。此外，课程引入企业导师，让我们能够提前了解建筑设计实践，丰富学习经验，对建筑师这一职业也有了更全面的认识。而且，在一定程度上实现学术理论与设计的有效结合，是该课程的主要亮点，为我们未来成长为建筑师的职业发展道路提供了关键的帮助。

## 形体生成

由现场基地调研分析可知，场地周边有大量的住宅建筑，以及商业性较强的南京西路

结合任务书要求，确定三个建筑体量，以半围合的方式，应对周边的场地环境

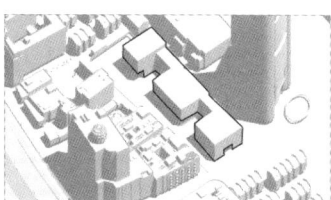

通过开洞的处理方式，与场地周边里弄住宅的公共空间形成视角通廊

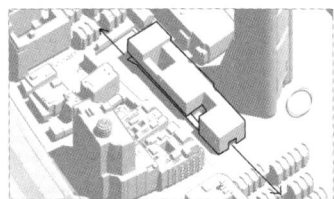

通过二层连廊，对流线进行空间及功能上的整合，从而丰富院落空间

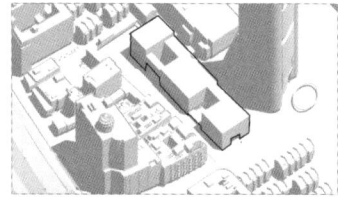

在立面上进行竖墙处理，保证建筑东立面的完整性及丰富性

屋顶采用坡屋顶的形式，与周边建筑相呼应，且创造出丰富的室内空间

**文小琴** 苏鹏鑫同学的作业有一种入世精神。方案的每一处细节，从坡面屋顶到砖墙肌理的陶板幕墙，都表现出对周围环境的亲和感。并且，通过对周边社区的空间研究，将市民日常生活引入其中，创造出更具互动性的新型社区空间。而上部的棋院部分则相对独立，宛如大隐隐于市。庭院中的植物通过适当配置，在未来可望形成树影婆娑、暗香浮动的意境，构成亦动亦静的空间感知效果。

学生作业精选　DIVERSE POSSIBILITIES

**王志军**　建筑布局试图呼应周边"里弄"建筑形态，单坡顶，单元化，在形体塑造上有明显的节奏。设计用两个院子组织一层的社区活动、棋牌文化等功能，但与外部空间关联较少。建筑二层设立了较为开放的公共廊道、阶梯与对外服务等功能空间。三层以上设置与建筑形体吻合度较高的功能空间，在"基准"廊道串联下，交通流线、单元空间的组织显得得心应手。虽然在大空间疏散等方面尚存一定瑕疵，但是设计在功能和流线组织上简洁明了。该设计采用钢筋混凝土框架结构，其外表皮以陶瓷板幕墙、钛锌板屋面以及漏窗等元素相间构图，具有一定的江南建筑意象。

排水沟
排水管
0.7 mm 厚钛锌板
8 mm 厚空气垫层
找平钢板
压型钢板
40 mm × 30 mm 矩形方管
防水保温层
40 mm 厚聚苯乙烯保温板
防潮层
水泥砂浆找平层
现浇钢筋混凝土屋面板
吊顶主龙骨
2 层 20 mm 厚石膏板
种植土壤
无纺布过滤层
塑料定型板耐根疏水存水层
沥青纸隔离层
15 mm 厚 LB-3 氯化聚乙烯 - 橡胶共混卷材
细石混凝土找坡及找平层（i ≥ 0.5%）
30 mm 厚聚苯乙烯保温层
细石混凝土找平层
现浇钢筋混凝土楼板
20 mm 厚水泥砂浆找平层
30 mm 厚聚苯乙烯泡沫塑料保温板
20 mm 厚水泥砂浆找平层
环氧树脂自流平地面涂料
50 mm 厚水泥砂浆
现浇钢筋混凝土楼板
吊顶主龙骨
2 层 20 mm 厚石膏板


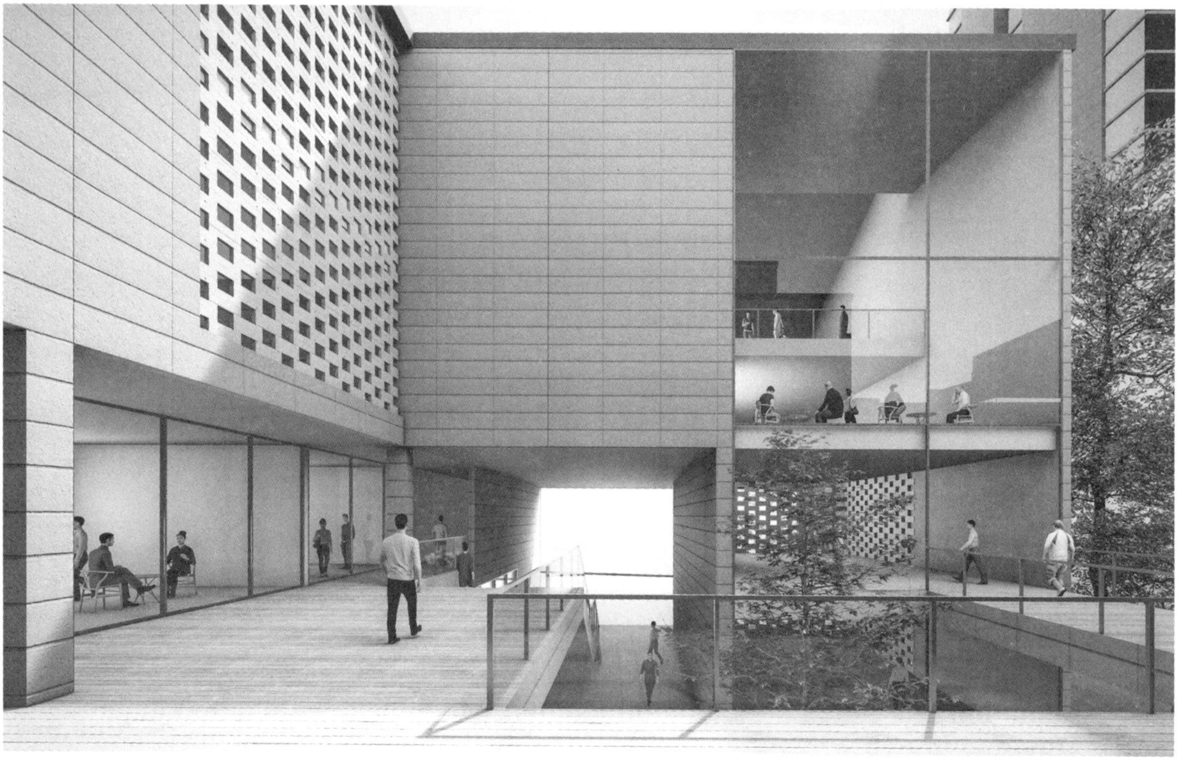

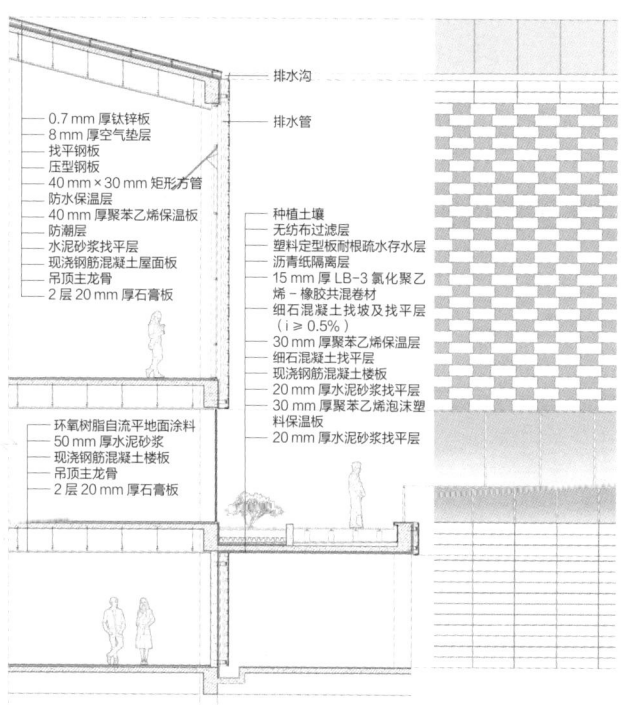

构造大样图

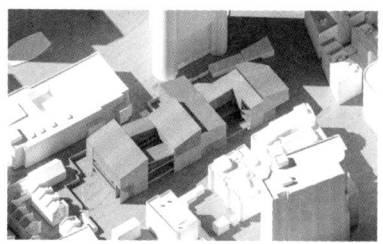

院

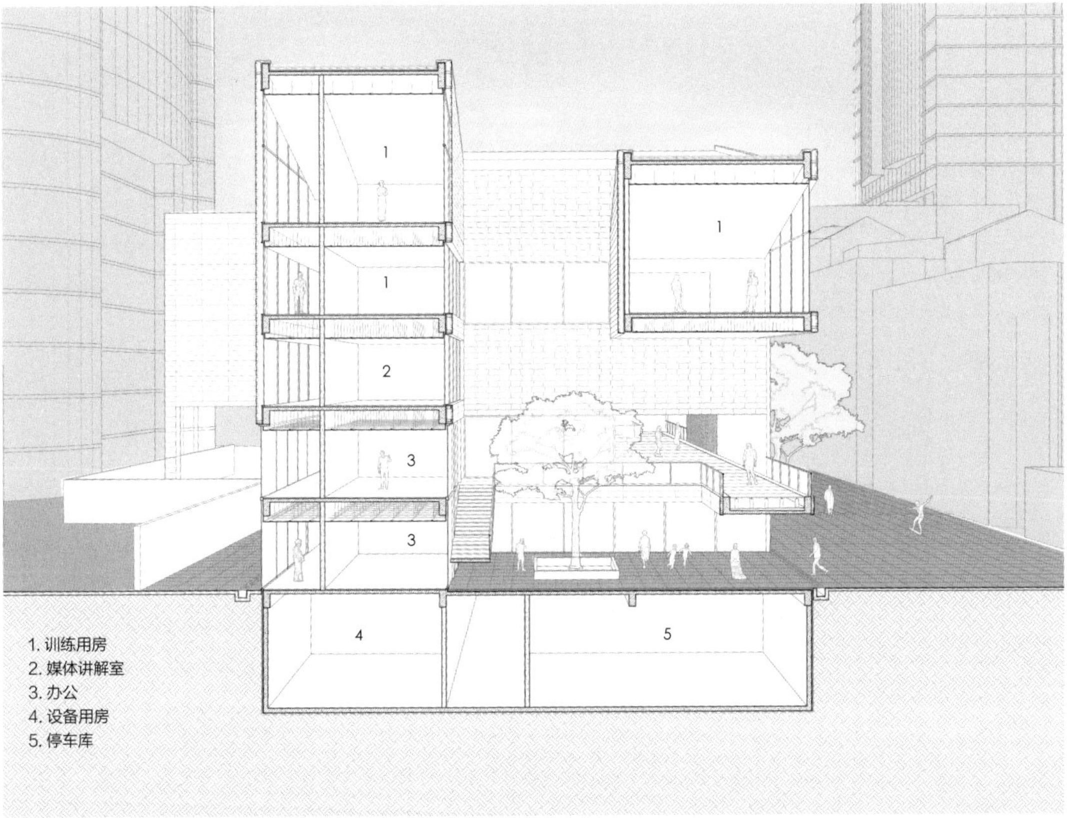

学生作业精选　DIVERSE POSSIBILITIES　　　　　　　　　　　　　　　　　　　　　　　　　/119

1. 训练用房
2. 媒体讲解室
3. 办公
4. 设备用房
5. 停车库

剖透视图 1-1

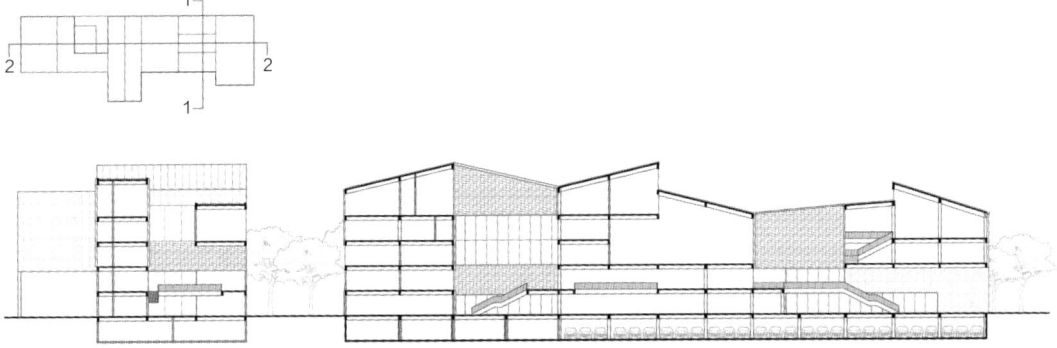

剖面图 2-2

# 方圆

学生 / 沈一飞（2022级）
导师 / 魏　丹
　　　邓　丰

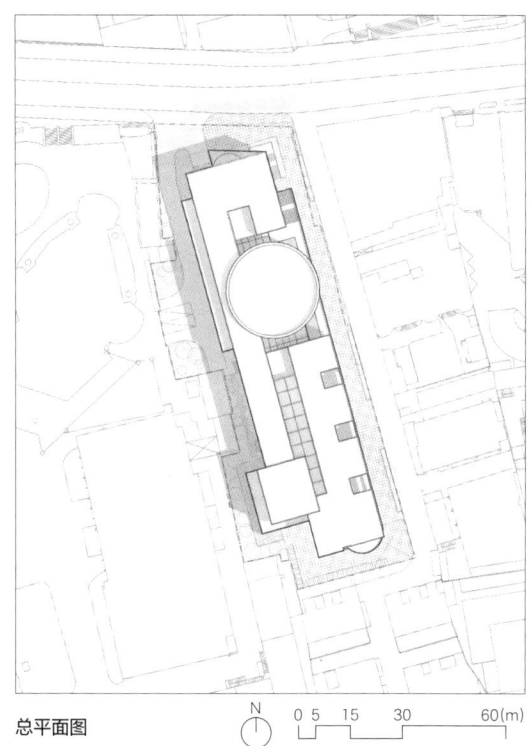

总平面图

## 设计简介

设计从建筑的基本功能出发，将功能归纳为以体能训练、食堂、咖啡厅等为主的日常性功能和以比赛大厅、决赛厅、文化展示厅为主的仪式性功能，分别对应方形与圆形空间。设计通过对方、圆两种空间的组织与形体调控，形成日常性与仪式性的调和，并将方与圆两种元素作为造型设计考虑，以一个大圆作为形式中心，辅以嵌入方形体量的小圆，所有的圆在空间上对应下棋的功能。在靠近南京西路一侧的功能布置上，一、二层对社区开放，三、四层主要用于比赛，内侧则围绕中庭，私密性相对较高。本次设计最大的挑战在于如何将方与圆的形式语言和谐地整合起来，并与功能空间相互呼应。

通过本次课程设计的锻炼，我深刻体会到形式与功能的和谐共生之重要。方形与圆形，日常性与仪式性，这些对比鲜明的元素融合、碰撞，最终形成了独特的设计语言。我学会了如何巧妙地运用空间造型，使方圆之间的转换流畅自然，同时又不失各自的特点。

企业导师在本次设计中给予了我宝贵的实践经验和专业指导，他们丰富的行业知识和敏锐的洞察力使我受益匪浅。导师们的耐心讲解和实时反馈让我更加明确设计方向，他们注重细节和实用性的建议让我的设计更加完善。感谢企业导师的悉心指导，让我在实践中快速成长。

## 形体生成

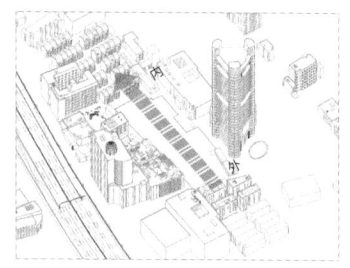

基地北侧面向南京西路，空间属性较为外向，南侧靠近社区，相对内向

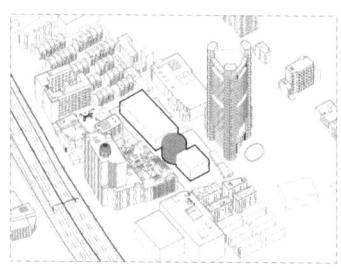

长条形地块上布置方圆形体量，圆形体量作为核心，并靠近南京西路布置

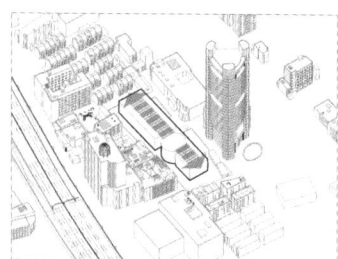

以圆为核心，通过设置内庭的方式展开空间，并在体块上以U形反映

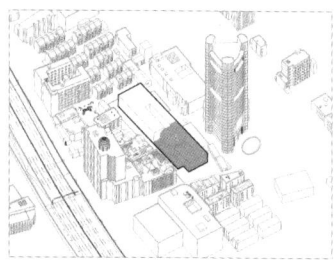

面向街道一侧上下分层，下层向社区开放，上层为比赛用房

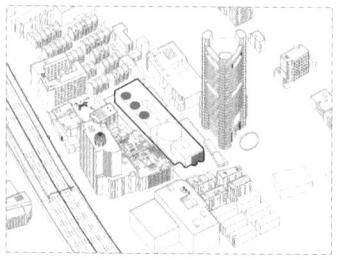

置入小圆形体量，主要对应训练、决赛等其他对弈功能空间

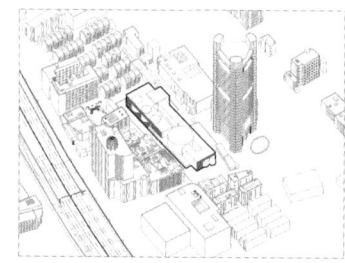

建筑的方形体块与小圆形体量相互交错，弱化体量上圆的完形

**邓丰** 这个设计里出现的"圆形"是对"棋院"作出形式上的呼应，但如何把形式与功能合理地结合起来，而不是简单、生硬地引用形式，才是赋予设计合理性的关键。

　　设计方案通过方形与圆形空间的巧妙组织，实现了形式与功能的和谐统一。圆形空间用于仪式性功能，增强了空间的庄重感和仪式感，而方形空间则用于日常性功能，确保了空间的实用性和便捷性。圆形空间不仅呼应了棋类活动的形式，还通过合理的功能配置，使形式与功能紧密相连。以大圆为形式中心，辅以嵌入方形体量的小圆，不仅在视觉上形成了焦点，也在功能上实现了不同空间的有机结合。

　　设计在形式与功能的结合上表现出色，每一个圆形空间都与特定的功能相对应，使形式不仅仅是装饰元素，而是功能的有机组成部分。通过细致的空间组织，设计避免了生硬的形式引用，真正实现了形式与功能的无缝融合。设计不仅提高了空间的使用效率，还增强了社区的参与感和归属感，形成了一个功能明确、形式丰富、使用便捷的建筑空间。

学生作业精选　DIVERSE POSSIBILITIES

**魏丹**　沈一飞同学的设计，设定了方圆这个主题，将棋的形式特征直接映射转换为建筑的形式语言，并能够巧妙地结合各个空间维度的设计，将这个思路贯穿始终，这是非常难得的。设计通过对方、圆两种空间的组织与形体协调，形成日常性与仪式性的调和，呈现出清晰且有力度感的空间与形式逻辑语言，特色鲜明而令人难忘。

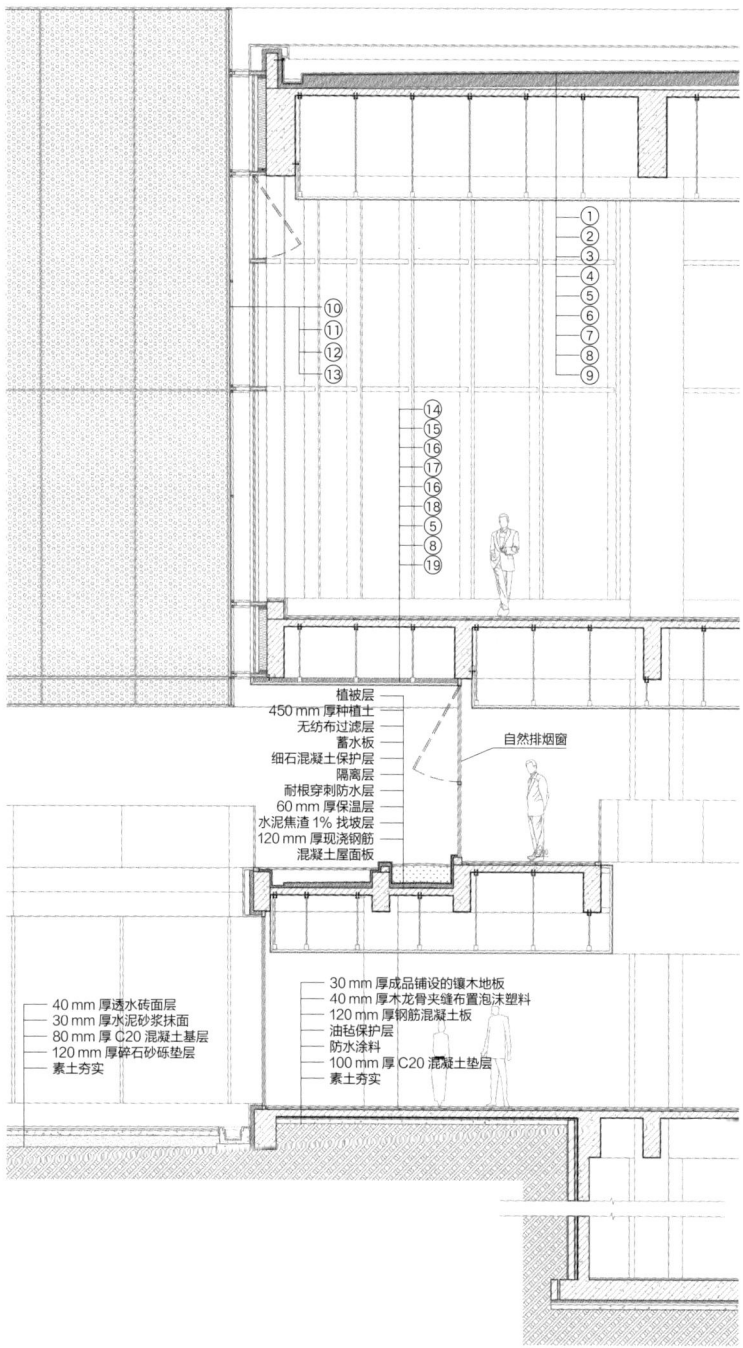

构造大样图

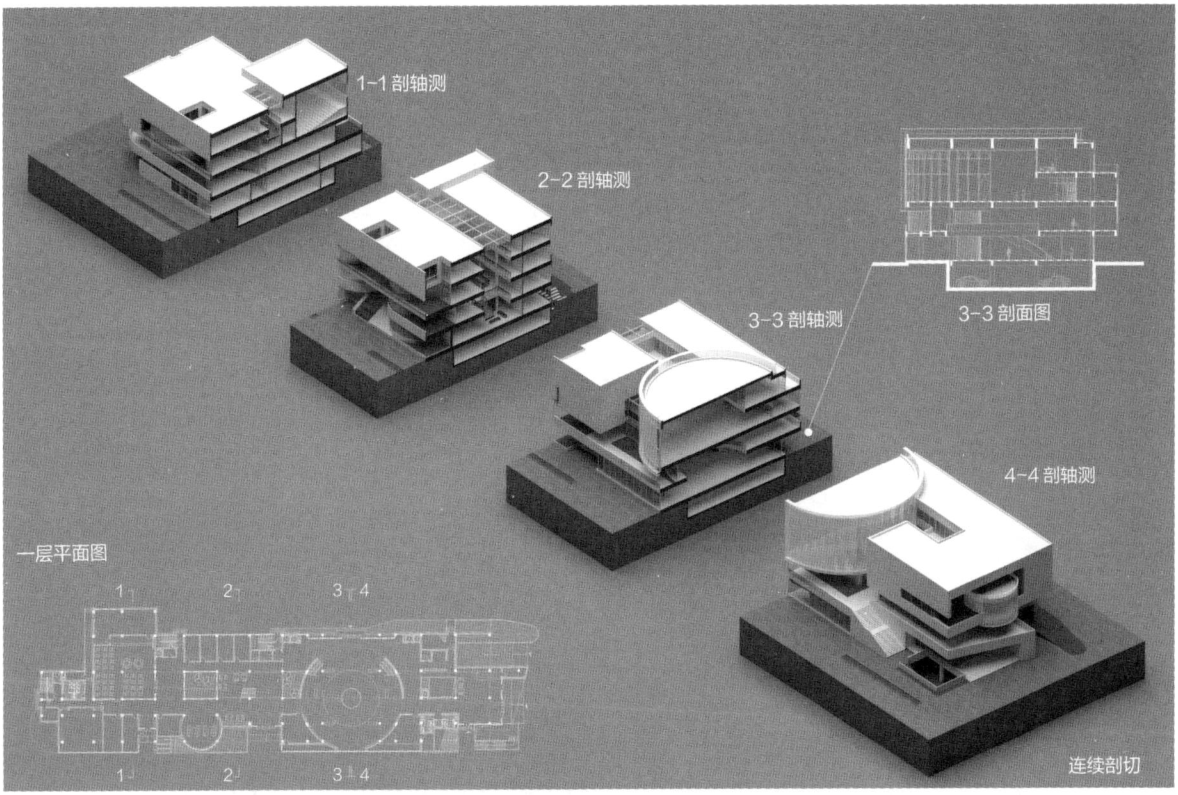

1-1 剖轴测
2-2 剖轴测
3-3 剖轴测
3-3 剖面图
4-4 剖轴测
一层平面图
连续剖切

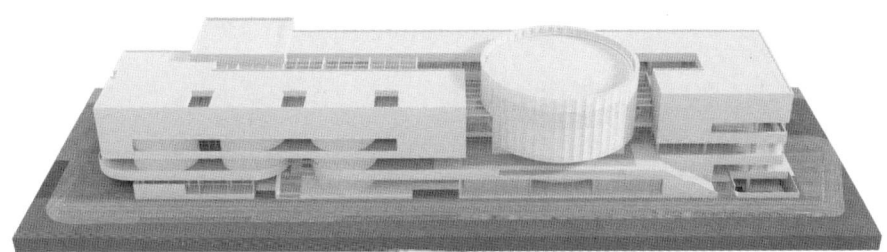

### 设

**张华** 该方案比较完整地落位了设备各专业的机房需求，包括变配电间、地下室水泵房、空调机房等。且主要机房上下楼层对位，有利于垂直管线敷设。在四层非主要功能用房的外侧设置了多联机室外机平台，这种方式较好地保证了第五立面的完整性，同时也能满足设备各专业的需求。在针对比赛大厅等高大空间排烟方式的处理上，结合幕墙立面合理设置自然排烟窗，这一点在平面、立面以及幕墙节点详图中都有比较细致的表达，在满足消防规范要求的前提下，避免了大尺寸管线对于室内净高的影响。

1. 教学科研用房　5. 中庭上空　　9. 文化展示厅上空
2. 体能训练用房　6. 防火卷帘　　10. 二层门厅
3. 专业训练用房　7. 二层露台　　11. 研讨室
4. 树院上空　　　8. 历史展示厅　12. 图书阅览

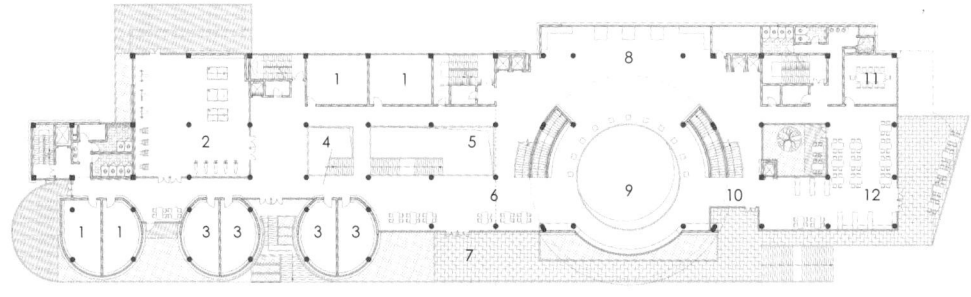

二层平面图

1. 排烟平天窗
2. 中庭
3. 比赛大厅
4. 棋牌文化展示厅
5. 棋牌历史演示厅
6. 露台
7. 过厅
8. 准备厅
9. 图书阅览
10. 门厅
11. 决赛厅

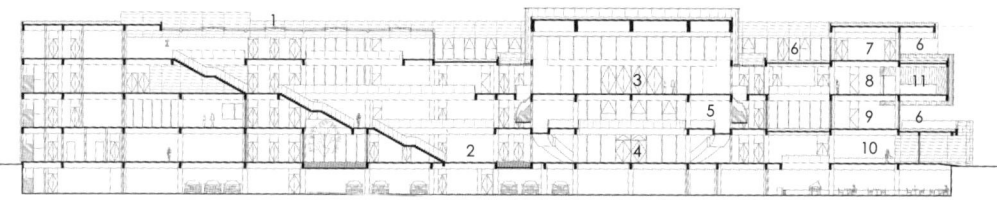

剖面图

# 层台叠院

学生 / 徐啸晨（2022级）
导师 / 魏　丹
　　　邓　丰

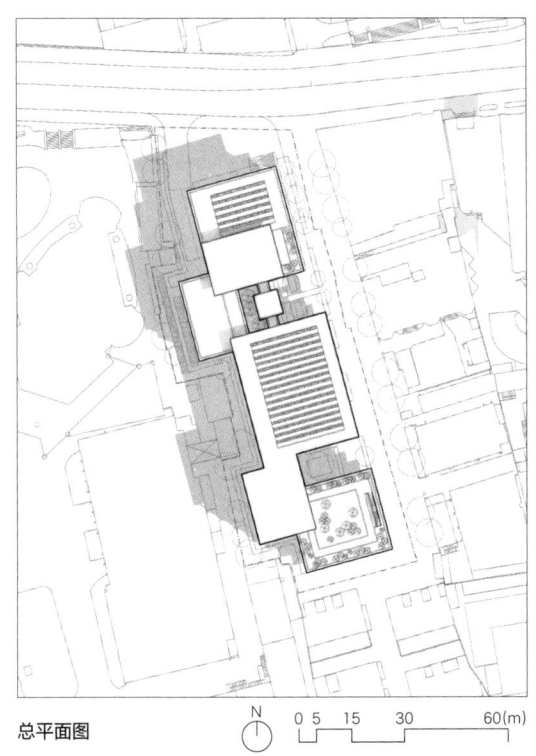

总平面图

## 设计简介

方案以自然为出发点，吸取中国传统园林的空间特色与棋文化的内涵，提出了"层台叠院"的设计理念，为身处高密度城市环境中的人们打造一处可游可览、能够亲近自然的共享空间。建筑由五个主要的体块连接而成，体块之间的相互错动既顺应了基地的形状，又形成了三个各具特色的庭院空间，为"层台叠院"的形成创造了条件。利用降板结构创造花池水景，并通过楼板边缘花池的细部设计使层叠的平台呈现出轻薄的视觉效果，以创造立体园林的氛围。最后引入木色立面格栅，呼应传统文化氛围的同时又给社区以温馨的视觉感受，格栅的疏密根据建筑内部空间的公共性与私密性产生变化，富有层次感与朦胧的美感。

本次课程的企业导师制是一大亮点。通过同济设计院富有实践经验的企业导师的指导，我懂得了从更实际的角度去综合考虑问题，对建筑设计及结构、设备、消防等多方面内容有了更深刻的认识。我意识到建筑是一个需要多方面综合考虑的复合体，设计方案需要经过反复的推敲与打磨。企业导师们丰富的知识与经验让我受益匪浅，也令我对建筑师这一职业产生了深深的敬佩之情与自豪感。

## 形体生成

STEP 1：置入体量

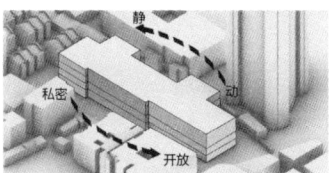

STEP 2：动静分区，置入功能

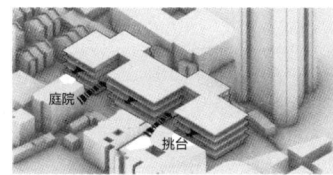

STEP 3：引入庭院和挑台，亲近自然

STEP 4：调整体量，扩展平台，创造活动空间

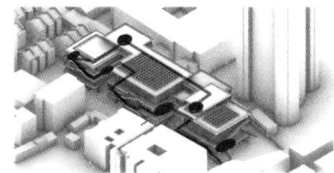

STEP 5：引入漫游路径，增强体验感

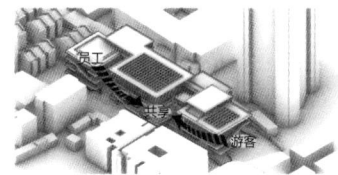

STEP 6：打造立体花园，创造共享空间

**魏丹**　徐啸晨同学的设计以场地环境为切入点，以叠院这个主题强调静谧、独立、与自然融合的场所体验，也呼应和契合了棋院这一功能主题的精神。所有的设计手法都围绕"叠"和"院"的空间塑造展开，并顺势划分了不同的功能区域，也有效地、自然而然地组织了交通动线，于轻松而不刻意之间加入不同层次的绿化主题，强调出建筑所要表达的意境和气质特征。

学生作业精选　DIVERSE POSSIBILITIES

**邓丰**　设计理念围绕"层台叠院"展开，将中国传统园林的空间特色与棋文化的内涵巧妙融合，提出了在高密度城市环境中创造自然共享空间的构思。这一设计理念针对基地的具体问题提出了解决方案，展示了良好的场地调研能力和对环境需求的敏锐洞察力。设计者充分考虑了基地周边的实际需求，通过体块的错动和庭院的设置，实现了公共性与私密性的平衡，空间层次分明，功能布局合理。立面上层层叠叠的垂直绿化通过结构降板的花池来实现，将窗外触手可及的绿化景观与建筑和结构进行统筹设计，让以往学生作业中经常出现的垂直绿化从理念走向了真实的实践。

① 18 mm 厚长条企口木地板
② 30 mm×30 mm 木格栅 @300 mm
③ 150 mm 厚现浇钢筋混凝土
④ 50 mm 厚 EPS 板保温层
⑤ 12 mm 厚水泥纤维板吊顶
⑥ 20 mm 厚水泥砂浆找平
⑦ 白色真石漆
⑧ 10 mm 厚 800 mm×800 mm 陶瓷地砖
⑨ 4 mm 厚专用聚合物面砖粘合剂
⑩ 15 mm 厚 1:3 水泥砂浆打底
⑪ 150 mm 厚现浇钢筋混凝土
⑫ 20 mm 厚 1:1:6 混合砂浆打底，抹面
⑬ 腻子嵌平，白色乳胶漆一底二涂
⑭ 4 mm 厚环氧树脂自流平涂料
⑮ 40 mm 厚 C25 细石混凝土，随打随抹光
⑯ 环氧稀胶泥一道
⑰ 250 mm 厚钢筋混凝土
⑱ 20 mm 厚 1:2.5 水泥砂浆
⑲ 合成高分子防水卷材
⑳ 100 mm 厚 C15 混凝土
㉑ 素土夯实

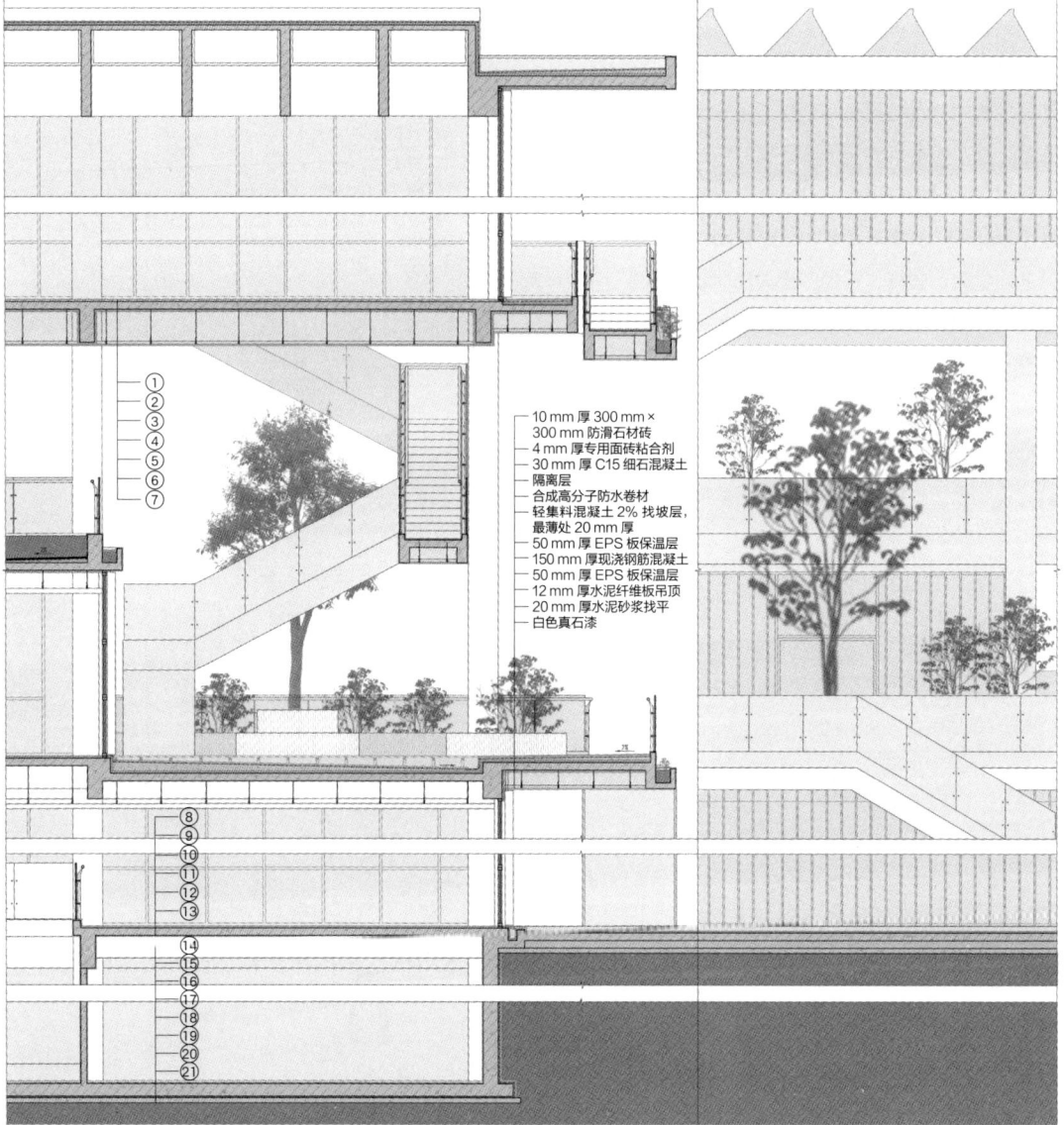

**构造大样图**

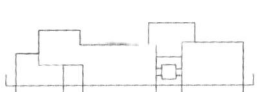

模型展示

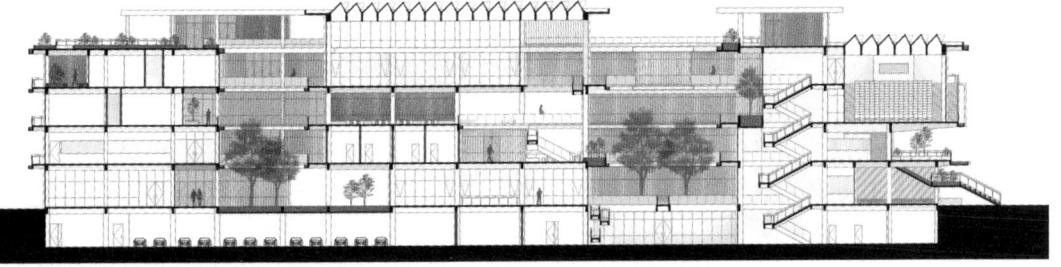

剖面图

## 同檐·弈场

学生 / 尹泽诚（2022级）
导师 / 戚　鑫
　　　董　屹

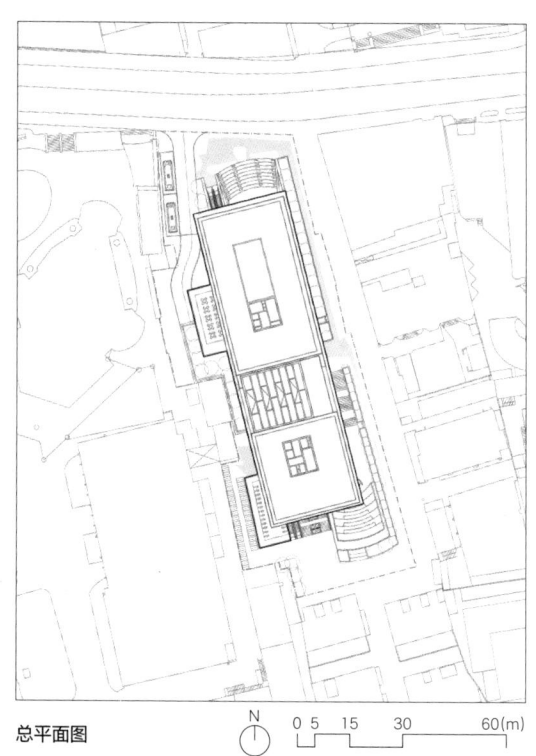

总平面图

### 设计简介

设计以南京西路原址的人流关系为出发点。设计希望以一种特殊的"场景营造"来回应南京西路——上海的摩登马路，通过思考棋院这种公共建筑如何以文化共享、文化科普的社会属性融入繁华商业和居民日常，引申为棋院是否能够兼具更多的文化元素，摆脱传统竞赛的单一受众群体。因此，方案采用了一种略显夸张的结构形式以及与其结合的下沉策略，在外部入口处强化"人流汇聚"的特殊空间张力，在内部分别整合前、中、后三个"剧场"，进行整体空间的组织串联，利用精神空间的塑造来提升文化属性。

结构本身的空间特殊性启发了本次设计的深入思考——结构与内在空间特质，结构与表皮的结合关系，结构与相关的排烟设备整合，以及结构本身的布局和空间营造，这些都成为了设计进一步深化的要点。

校企合作的模式有效推动了我们从学生思维向专业化思考的转变，通过企业导师的专业介入，能够在早期便破除一些"概念化"的设想，摆脱传统课程设计过于理想化的状态。暖通专业和结构专业与建筑空间的关联性最强，这两个专业的整合让我们能够提前了解建筑方案在实践过程中面临的种种困难，也让我们在日常看待建筑的视角中，能够更进一步地阅读空间秩序以及理解空间处理的手法。

## 概念生成与人流分离

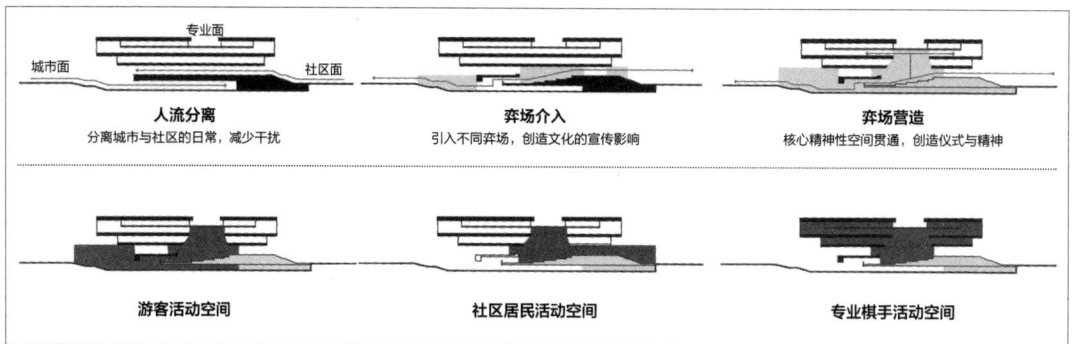

## 核心空间

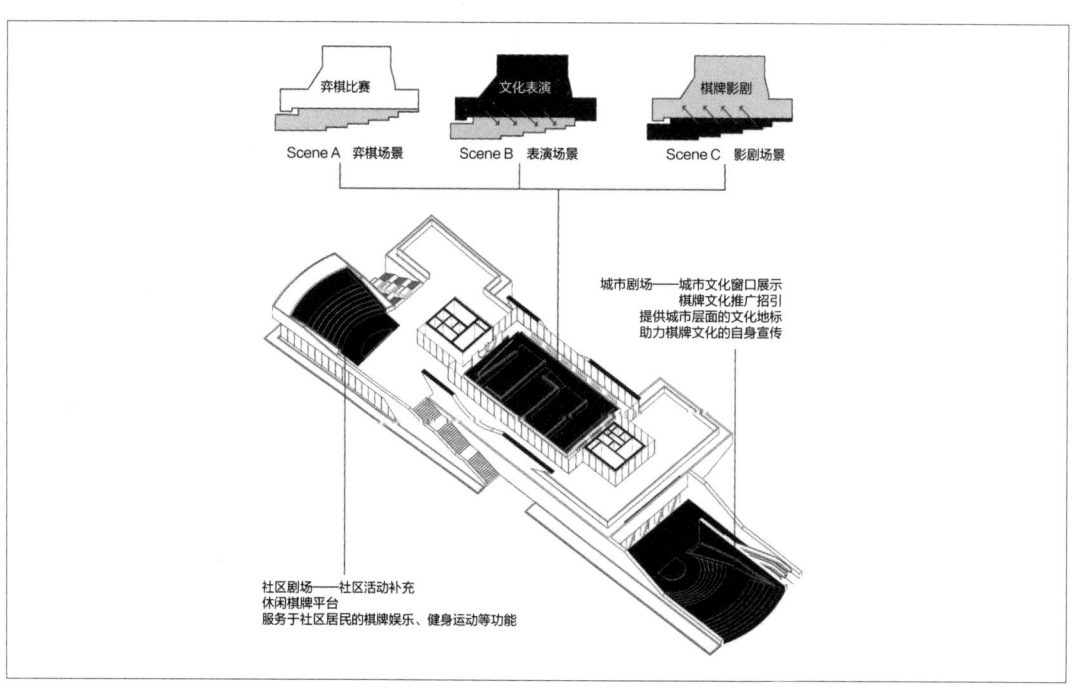

学生作业精选　DIVERSE POSSIBILITIES

**企**

**戚鑫**　尹泽诚同学的方案"同檐·弈场"在紧张的城市中心用地条件下,在垂直方向实现了内外空间的多元和共享,为城市和所在社区创造了空间使用的多种可能性。内部功能与流线清晰合理,采用双V形巨型简支结构实现了形体的漂浮感,通过参数化立面表皮处理进一步突出了项目在南京西路上的标志性。

**校**

**董屹**　该作业的特点在于,通过对比赛大厅的多功能设定,放大了棋院的公共性,从而创造了一个令人印象深刻的核心空间。同时,在结构设计上,方案采用巨大的V形支撑来强化空间的开放性,将城市空间引入基地纵深,在一定程度上打破了狭长的条形基地带来的布局局限性,也形成了鲜明有力的城市形象。设计考虑得较为细致,对空间、结构、材料、构造各个方面都有自己的思考,对任务书的回应度很高。尽管其塑造的建筑形态在是否符合棋院气质、是否回应了城市肌理等方面有所争议,但设计深度和表达的完成度无疑是令人满意的。

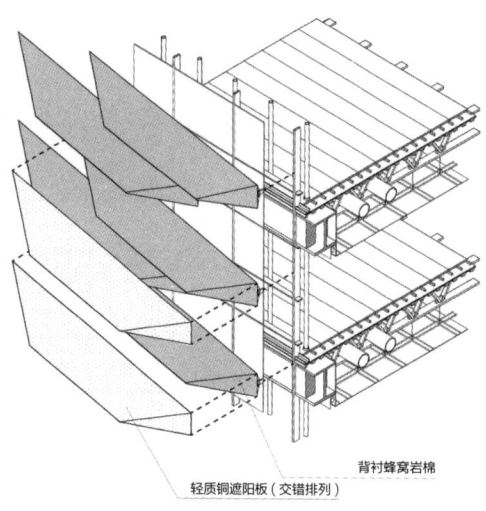

背衬蜂窝岩棉
轻质铜遮阳板（交错排列）

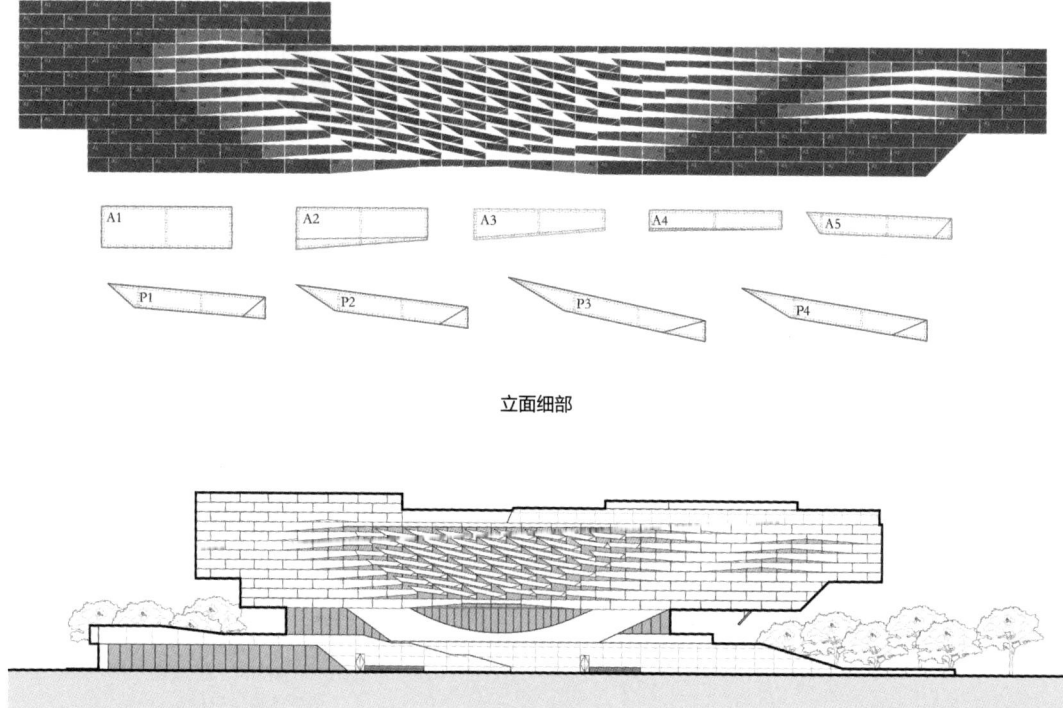

立面细部

西立面图

学生作业精选 DIVERSE POSSIBILITIES　　　　　　　　　　　　　　　　　　　　　　　　　　　　　　　　　　　/139

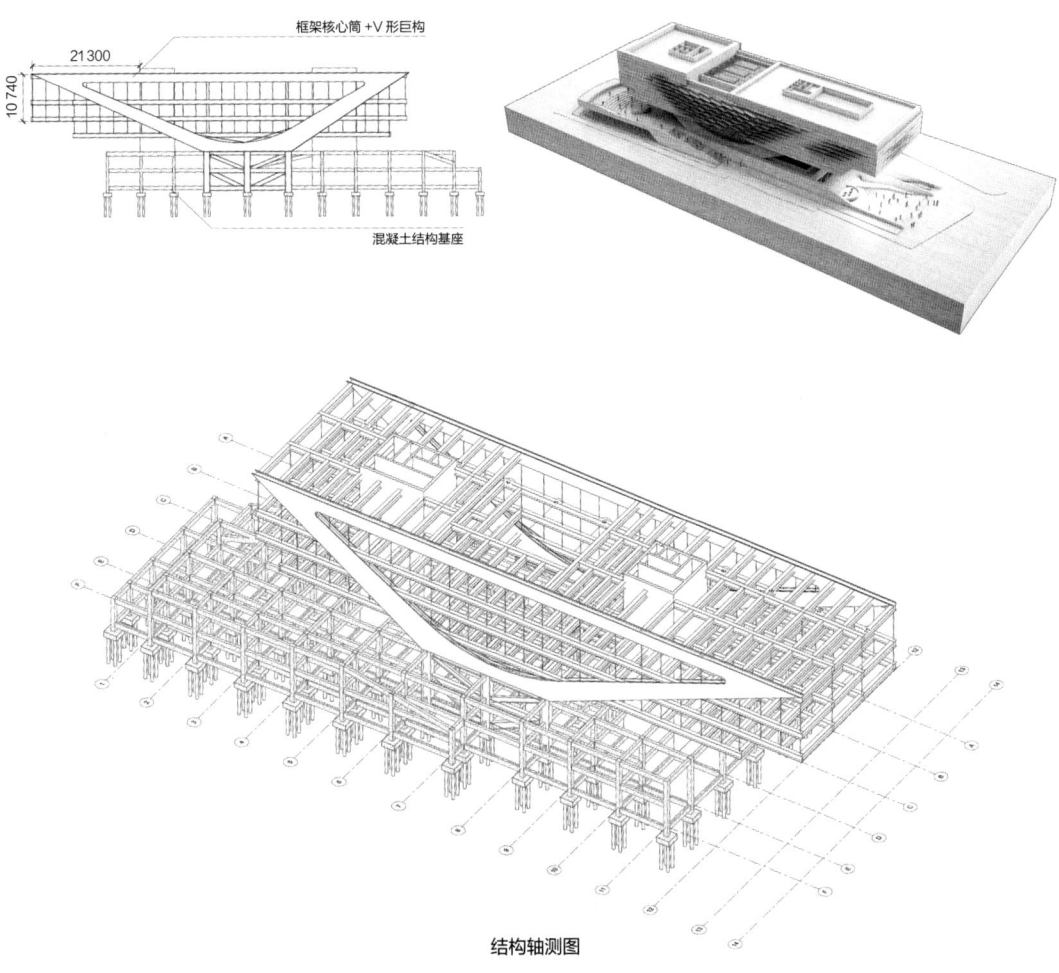

结构轴测图

**张峥**　为适应场地狭窄的特点，设计者找到了一个妙招——大悬挑，可谓一举多得，既能释放首层空间，给市民一个更宽阔的入口广场，又能营造大屋檐，在棋院这样一个传统文化建筑的设计中致敬了传统建筑风格，同时这一造型还极具视觉冲击力，让人印象深刻。但设计者也给自己出了一个大难题：多层叠合大悬挑的结构应该如何处理？如果内部设置桁架，出现斜向拉杆，势必会破坏建筑空间的完整性。于是，设计者打开思路，化零为整，采用了巨型结构的理念，将大悬挑的结构传力途径外移至两个侧立面，通过巨型跨层的大斜撑作为主传力骨架，巧妙地解决了结构体系适配性问题，并规避了对建筑空间的不利影响。总体上，这是一个大胆的、有挑战性的、让人振奋的方案设计。

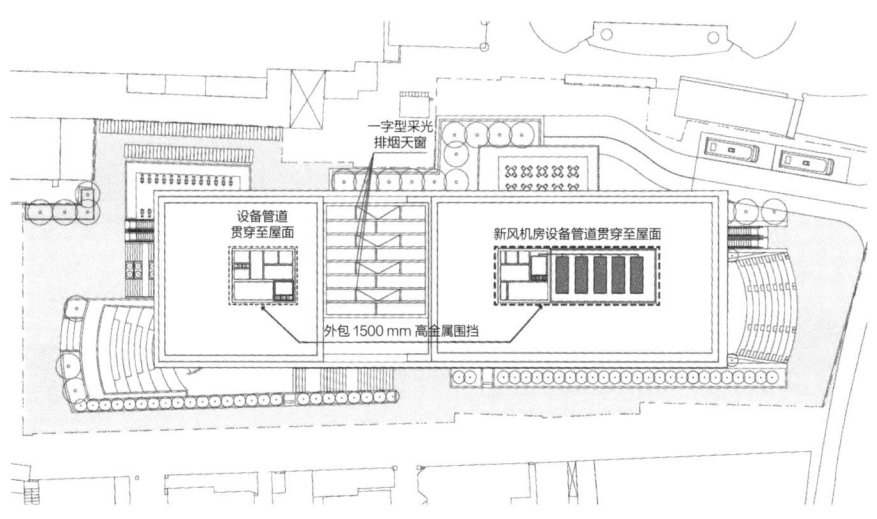

屋顶平面图

> **张华** 通高比赛大厅的空调布置是一个较难处理的问题。在该方案中,设计者从建筑师的角度充分考虑,从气流组织入手来解决空调效果的问题,利用台阶下方层高较高的空间作为空调机房,比赛大厅两侧空间用作侧送风空腔,并结合屋顶自然采光窗兼作自然排烟窗及自然通风设施,可以看出设计者在结合机电管线空间诉求与建筑效果方面的尝试。其余各机房的合规性和完整性较好,屋顶层集中设置了多联机室外机放置区域,并采取了适当的遮挡等处理方式。

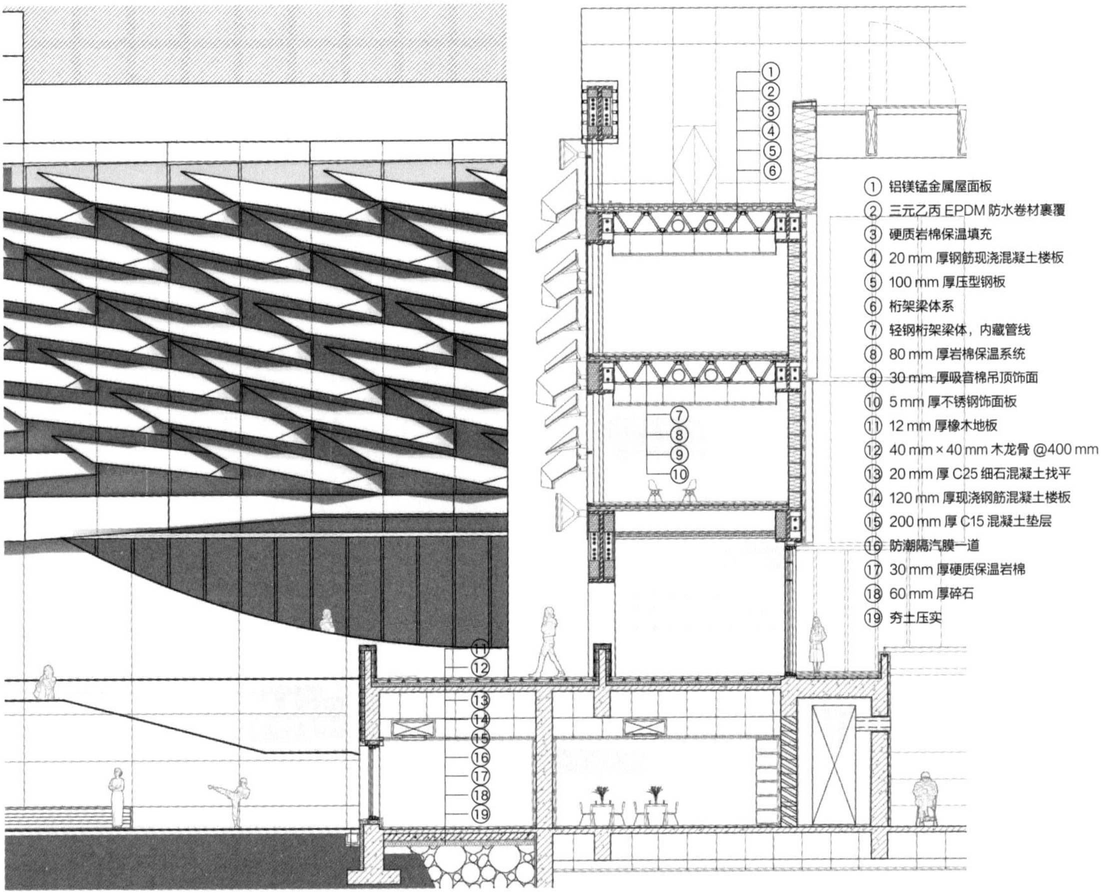

## 学生作业精选　DIVERSE POSSIBILITIES

① 铝镁锰金属屋面板
② 三元乙丙 EPDM 防水卷材裹覆
③ 硬质岩棉保温填充
④ 20 mm 厚钢筋现浇混凝土楼板
⑤ 100 mm 厚压型钢板
⑥ 桁架梁体系
⑦ 轻钢桁架梁体，内藏管线
⑧ 80 mm 厚岩棉保温系统
⑨ 30 mm 厚吸音棉吊顶饰面
⑩ 5 mm 厚不锈钢饰面板
⑪ 12 mm 厚橡木地板
⑫ 40 mm × 40 mm 木龙骨 @400 mm
⑬ 20 mm 厚 C25 细石混凝土找平
⑭ 120 mm 厚现浇钢筋混凝土楼板
⑮ 200 mm 厚 C15 混凝土垫层
⑯ 防潮隔汽膜一道
⑰ 30 mm 厚硬质保温岩棉
⑱ 60 mm 厚碎石
⑲ 夯土压实

构造大样图

1. 观赛厅
2. 城市剧场坐席
3. 健身房
4. 城市剧场舞台
5. 团队办公室
6. 社区弈棋
7. 门厅
8. 等候前厅
9. 科研用房
10. 决赛对决室
11. 多功能比赛大厅
12. 棋牌文化历史展示馆
13. 设备放置
14. 媒体工作区域
15. 食堂
16. 变电所
17. 停车区域
18. 排风设备
19. 水泵接入口
20. 空调机房
21. 百叶入风口
22. 水设备房间
23. 大空间空调机房设置

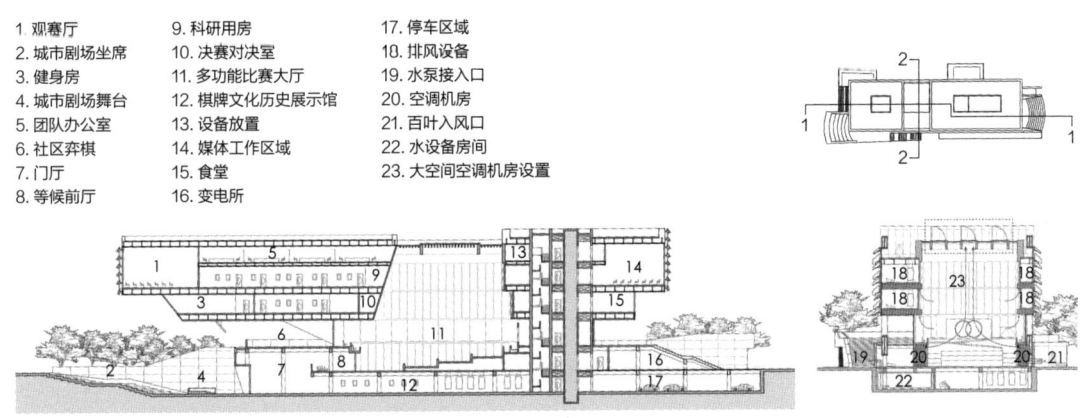

剖面图 1-1　　　　　　剖面图 2-2

# 他山之石

学生 / 舒晓瑜（2022级）
导师 / 戚 鑫
　　　董 屹

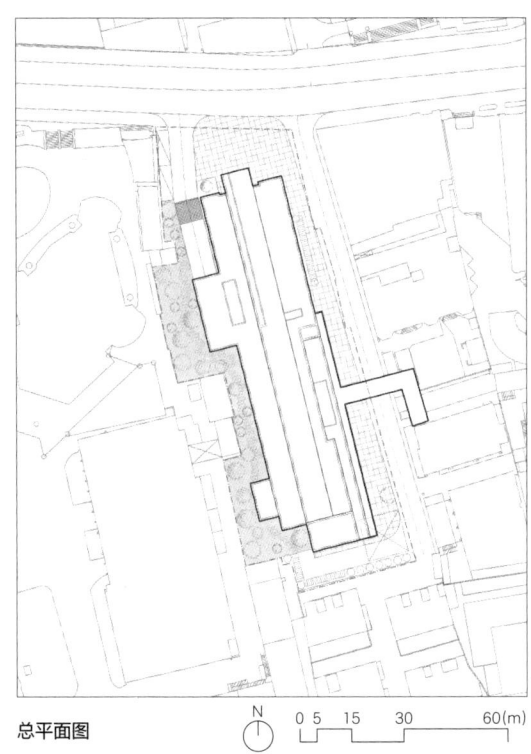

总平面图

## 设计简介

　　设计理念的核心在于打破传统棋院的封闭与孤立。室内连续的公共空间系统贯穿了建筑的中部和北部，创造出一系列相互连接的开放区域。层与层之间的界限被模糊，整个建筑内部充满了流动性和互动性，从而促进了不同背景人群之间的交流与理解。室外的公共退台系统则是对建筑与环境和谐共存的探索。退台将自然采光最大化，同时缓解了建筑对周边社区的压迫感。这些退台空间也成为社区的延伸，使得棋院成为了社区生活的一部分。

　　通过这两套公共空间系统的设计，我希望建立一个充满活力的棋文化中心，它不仅是棋手的竞技场，更是所有人共享的文化场所，让更多人感受到棋文化的魅力，同时也为城市的文化生活增添一抹亮丽的色彩。

学生作业精选　DIVERSE POSSIBILITIES　　　　　　　　　　　　　　　　　　　　　　　　　　　　　　　　　　　／143

### 学

　　总体而言，本次课程采用了一种很值得尝试的教学模式。企业导师具有丰富的实际工作经验，他们可以将经验和知识带入课堂，帮助学生更好地理解建筑设计的细部和实际施工过程，将理论知识与实践相结合；同时，企业导师能够提供行业的最新动态、趋势和技术，为学生提供技术指导，使设计成果不会因为缺少对技术边界的认知而过于保守或出现错误；此外，在设计课程中，企业导师可以通过分享自己的职业发展路径，为学生提供有关职业规划的建议。我认为这种模式的最大挑战在于如何平衡学术研究与商业实践之间的关系，这需要确保企业导师的教学内容与学校课程体系相融合。

## 形体生成

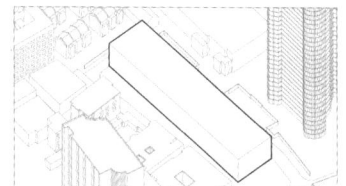

根据场地形状，置入长条形体量

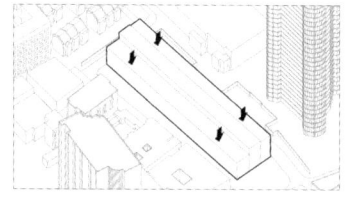

顺应场地肌理，切分原始体量，塑造三个条形体量

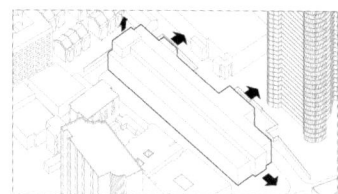

根据场地形状做体块凸出，提高场地利用率

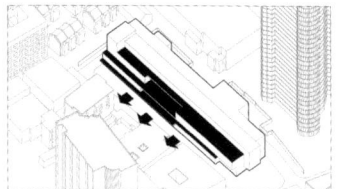

东侧做展开退台改善建筑采光，照应周边社区

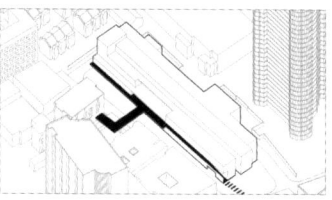

城市路径与社区路径在二层平台汇合

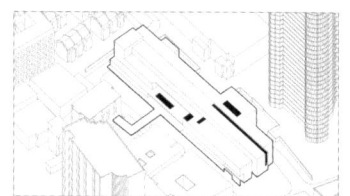

置入数个中庭，提高空间穿透性，配合室内中庭，形成连续的室内公共空间系统

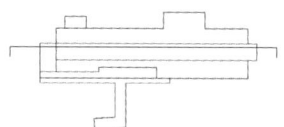

1. 休息前厅
2. 比赛大厅
3. 门厅
4. 开放式展厅
5. 休闲区
6. 地下车库
7. 二层门厅
8. 体训房
9. 休息室
10. 中庭
11. 餐厅
12. 观赛厅前厅
13. 办公管理区
14. 厨房
15. 配电间
16. 地下层设备区

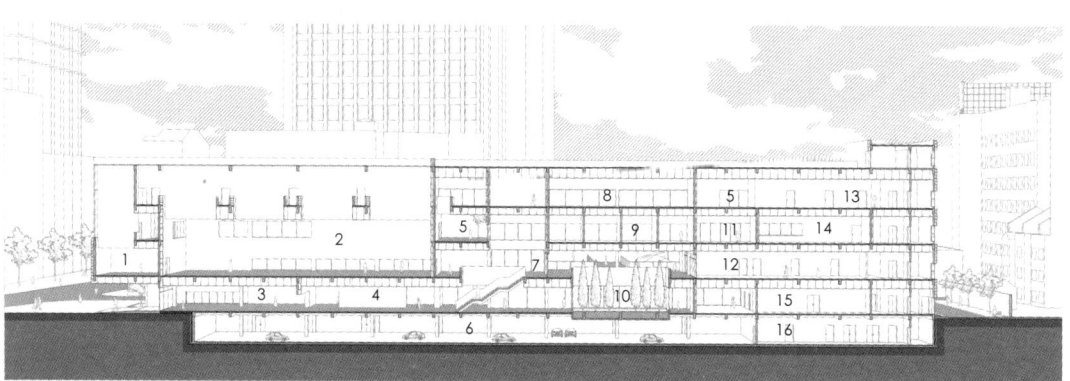

剖透视图

学生作业精选　DIVERSE POSSIBILITIES

**董屹**　该方案以一种低调内敛的方式回应了任务书的要求，将关注点转移到建筑内部。强调体量感的建筑将一系列室内外公共空间谨慎地串联起来，其意图是追求空间的序列与层次。同时，最值得鼓励的是设计对空间比例尺度的推敲，从空间本身的需求到结构、设备的影响都被较为细致地考虑，对光线的控制甚至体现了某种经典现代主义的气质。虽然在作为公共建筑的开放与参与性探讨上还有提升的空间，但这份学生作业显示了扎实的基本功和对设计分寸很好的把控度。

① 40 mm 厚透水砖面层
② 30 mm 厚水泥砂浆找平
③ 80 mm 厚 C20 混凝土垫层
④ 200 mm 厚碎石砂砾垫层
⑤ 素土夯实

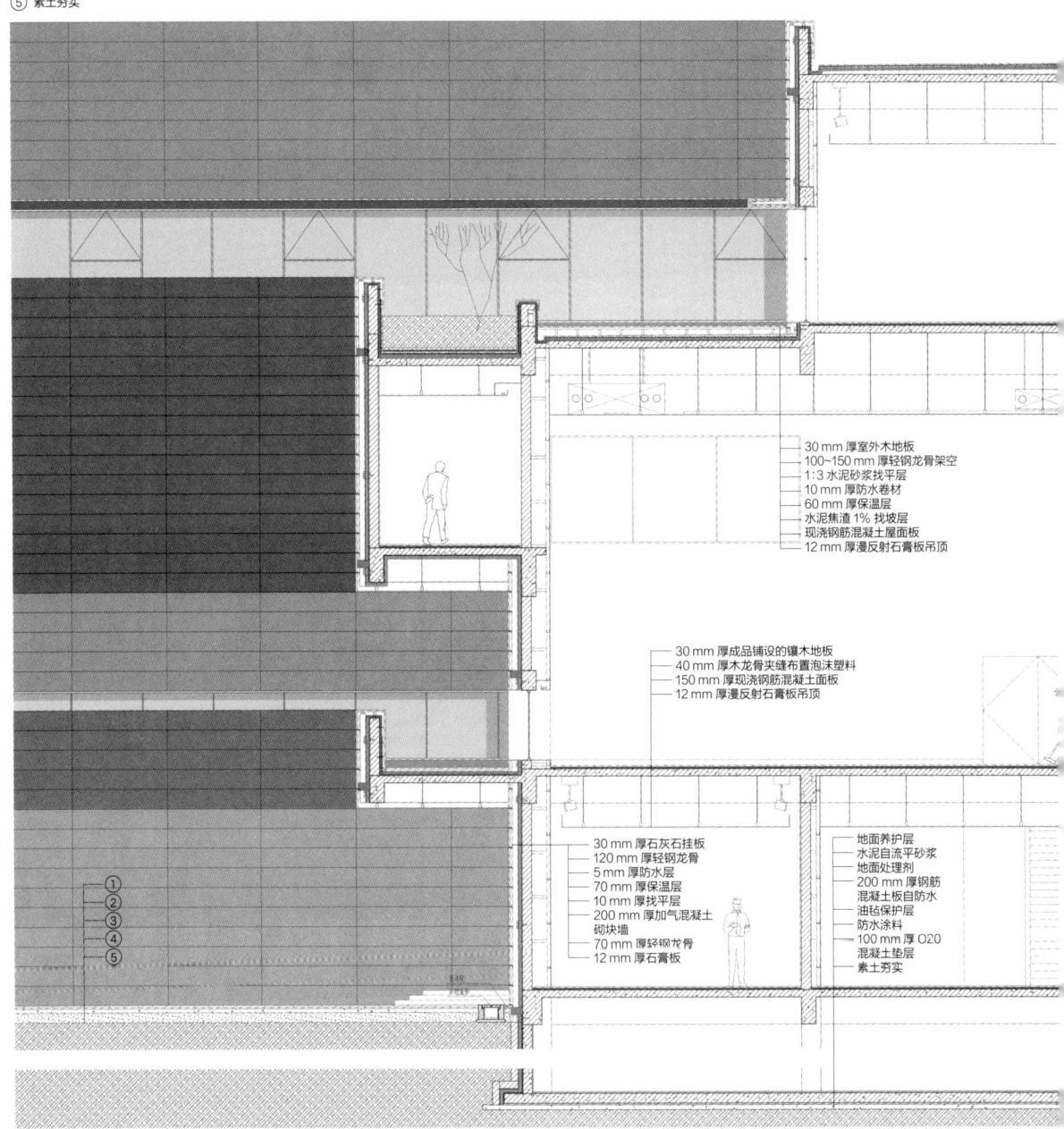

构造大样图

学生作业精选 DIVERSE POSSIBILITIES                                                    /147

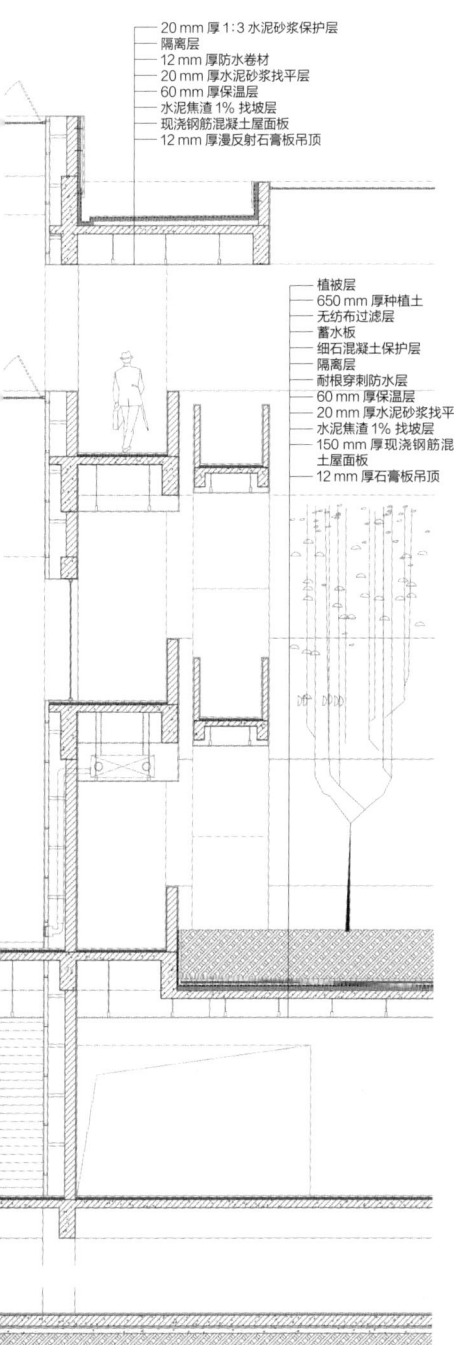

**戚鑫** 舒晓瑜同学的偶像是 2023 年普利兹克建筑奖获得者，英国建筑师大卫·奇普菲尔德（David Chipperfield）。在他的方案"他山之石"中，我们可以清晰地感受到他老练的建筑形体组织手法和对空间品质的不懈追求。设计希望打破传统棋院的封闭式布置格局，倡导各类人群的参与和共享。不同人群在此处得到交流的机会，最终促进棋文化的传播。

透明性

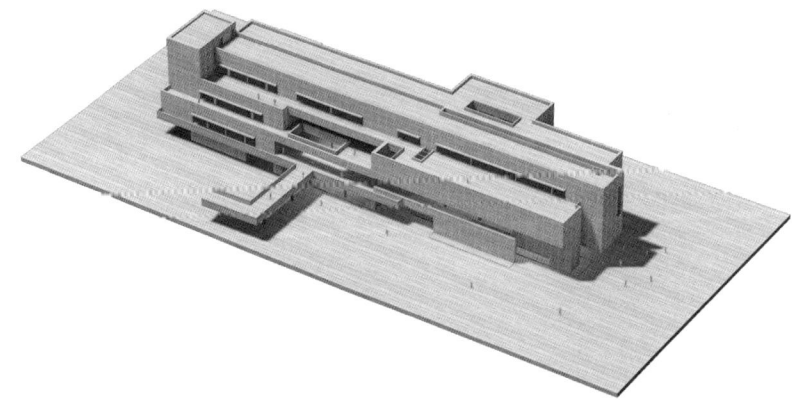

通过室内外两个相辅相成的空间系统形成各类人群参与式、共享式的空间新模式

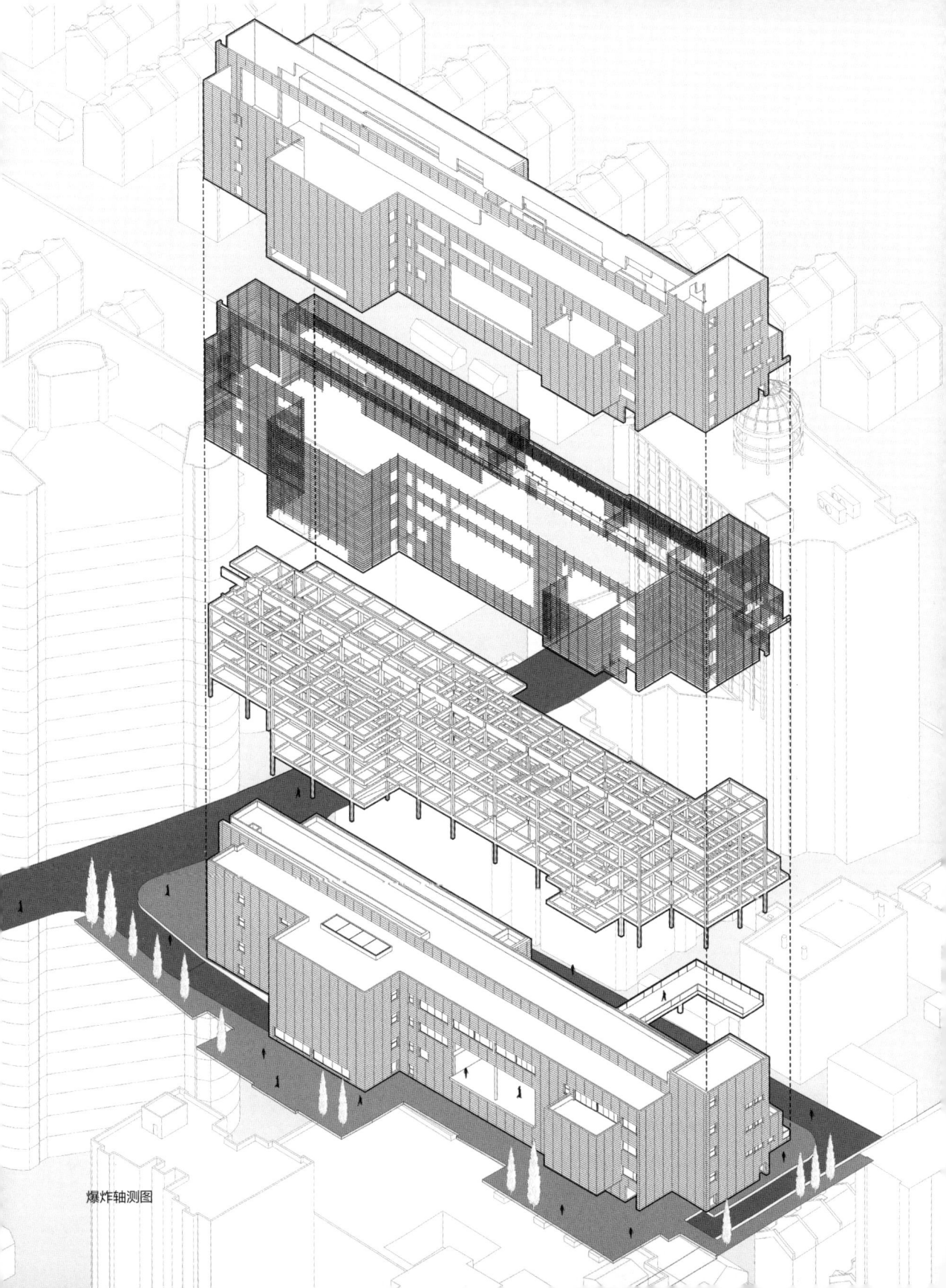

爆炸轴测图

# 都市峡谷

学生 / 张学硕（2022级）
导师 / 吴　丹
　　　汪妍泽

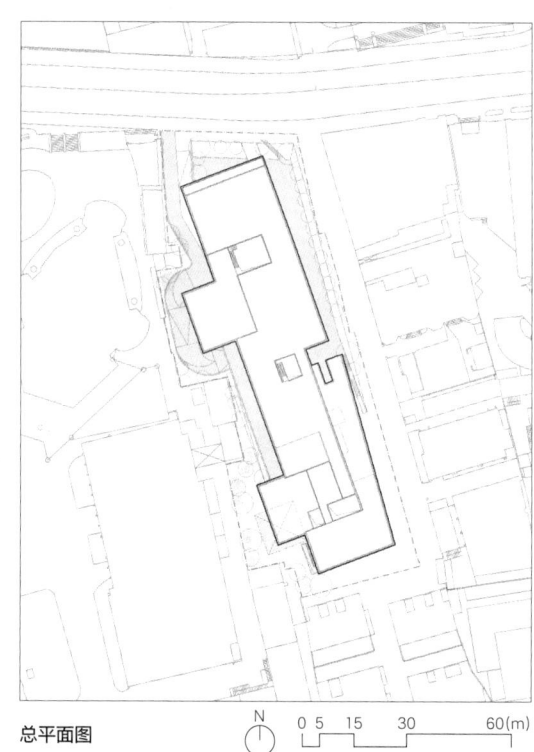

总平面图

## 设计简介

在极为拥挤的街区中，设计者通过强有力的形体切割塑造出极具戏剧性的空间，建筑内外合一，实现高密度环境下的场所涅槃。高密度街区的快节奏带来的窒息感让人亟需一处能够将自身状态短暂抽离的空间场所，因此设计概念——"都市峡谷"在早期便确定下来。但打磨建筑的过程却经历了"肯定—否定—否定之否定"三个阶段，设计过程中的循环、反复、推敲等都伴随着痛苦和快乐。整个设计从开始到完成的全过程都毫不动摇地以概念为线索，以空间为核心，进行了系统性的整体控制和细节推敲。

学生作业精选　DIVERSE POSSIBILITIES　　　　　　　　　　　　　　　　　　　　　　　　　　　　　　　　　　　　　／151

设计带来的"痛并快乐"是无法替代的，"上海棋院"是我学建筑以来做得最用心的学生课程设计之一。校企联合的全新教学模式充分发挥了同济大学的特点和优势，让学生在仰望星空锻炼空间想象力的同时，更要脚踏实地地将设计打磨出来。紧凑的课程安排由点及面、循序渐进地将建筑设计的重难点压缩凝练，令人受益匪浅。非常感谢各位老师的辛苦付出，特别是吴丹、汪妍泽两位老师的悉心指导。那段线上线下交叉教学的特殊时光，令我印象深刻，时常怀念。

## 形体生成

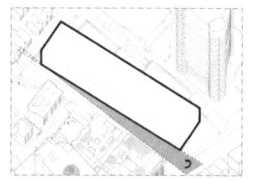
体块扭转

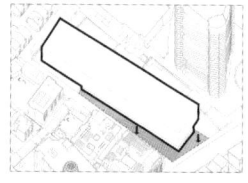
下沉广场

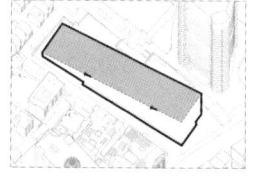
绿化斜坡

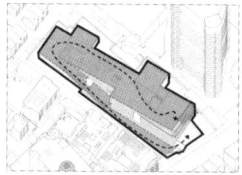
峡谷漫游

一个大都会高密度街区中的公共峡谷,一处将感觉从日常中抽离出来的场所。

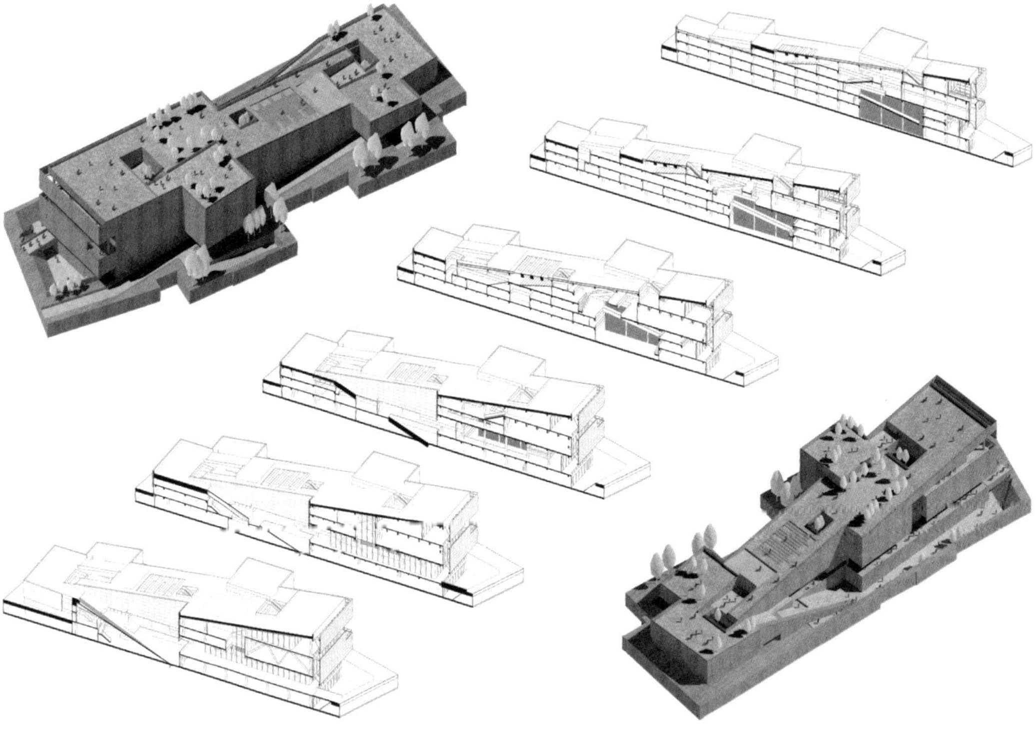

连续剖轴测图

学生作业精选　DIVERSE POSSIBILITIES

🏫
**汪妍泽**　南京西路的高密度城市环境一直存在沿街闹市与内部社区的割裂问题，张学硕同学的"都市峡谷"设计尝试用建筑体量解决城市问题，也成就了这一设计的亮点之一。设计从城市问题出发，兼顾棋院面向南京西路的城市形象界面，利用场地的纵深长度形成街道向住区的自然过渡，创造了面向人居界面的宜人尺度。连续屋顶的漫步路径也体现了建筑由外而内的城市特征，将外部体量与内部空间结合起来进行协同设计。室内空间上顺应了倾斜体量关系，形成层层推进的贯穿空间，并巧妙利用中庭两侧空间尺度的差异解决了比赛大厅、观演等主体功能和训练、服务等分散功能的关系。

"都市峡谷"的设计出发点和深化过程都很有启发性，打破了高密度城市环境中抢占功能面积的思维定势，在消解体量的前提下仍然能够创造丰富的建筑内外部空间，为上海棋院设计的解决方案增加了新的可能性。

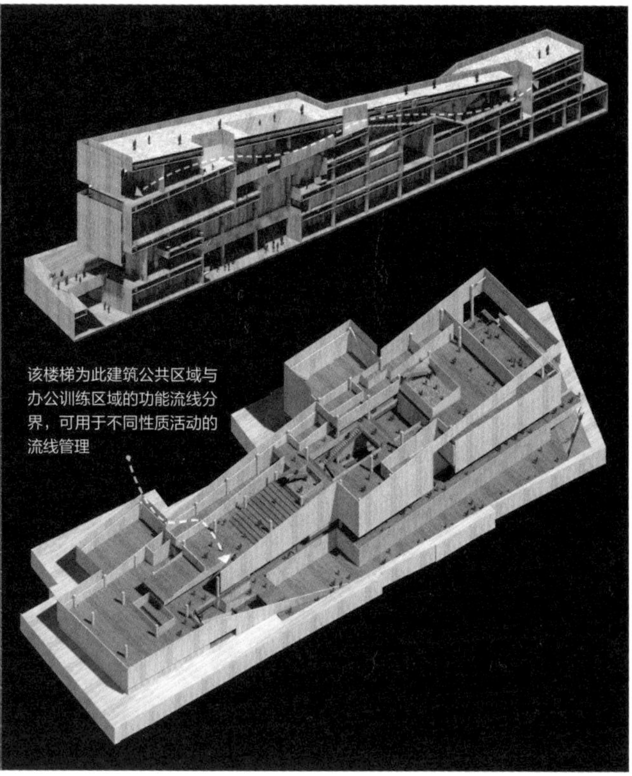

该楼梯为此建筑公共区域与办公训练区域的功能流线分界，可用于不同性质活动的流线管理

## 都市峡谷

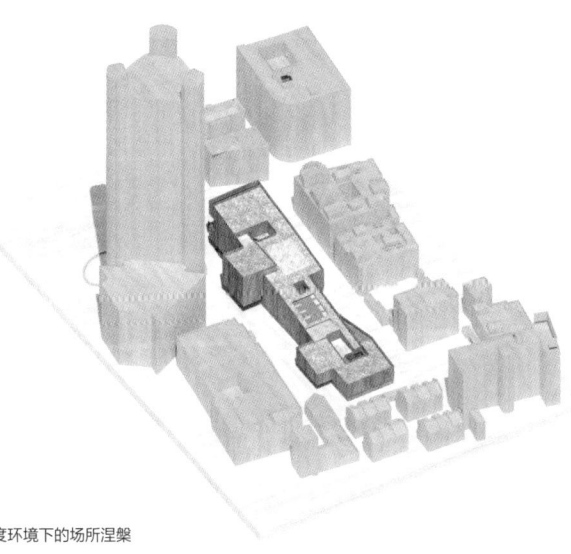

高密度环境下的场所涅槃

**吴丹** "都市峡谷"的建筑设计概念，让人很有"侠士"的代入感。"仗剑走天涯"的豪气，也体现在拔地而起、倾斜而上的体块中，体现在直指云霄、一气呵成的公共空间组织中。在外部游览流线和内部参观流线中漫游时，可以感观绿地山川、光影陆离。开放的屋顶绿地，为周边社区创造了有趣的公共交流空间，同时在不同高度与室内功能产生有效的互动。在整个课程设计中，张学硕同学展现出了自己独特的设计思考，将接触到的新知识有机地融入自己的设计，不断提升着自己的设计能力和水平。

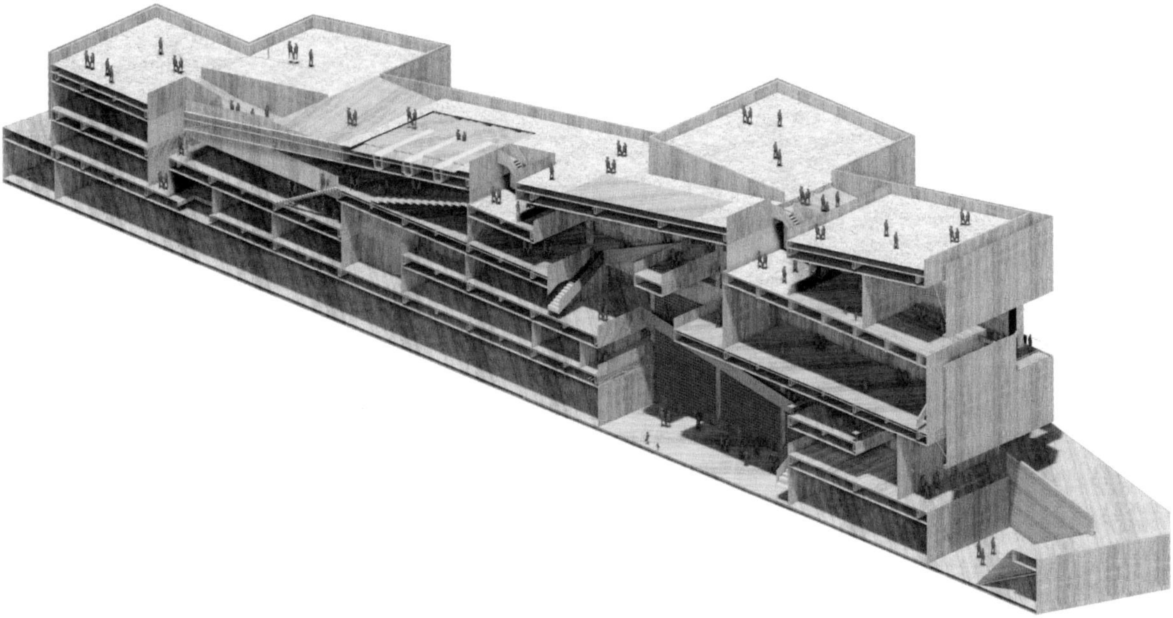

学生作业精选　DIVERSE POSSIBILITIES

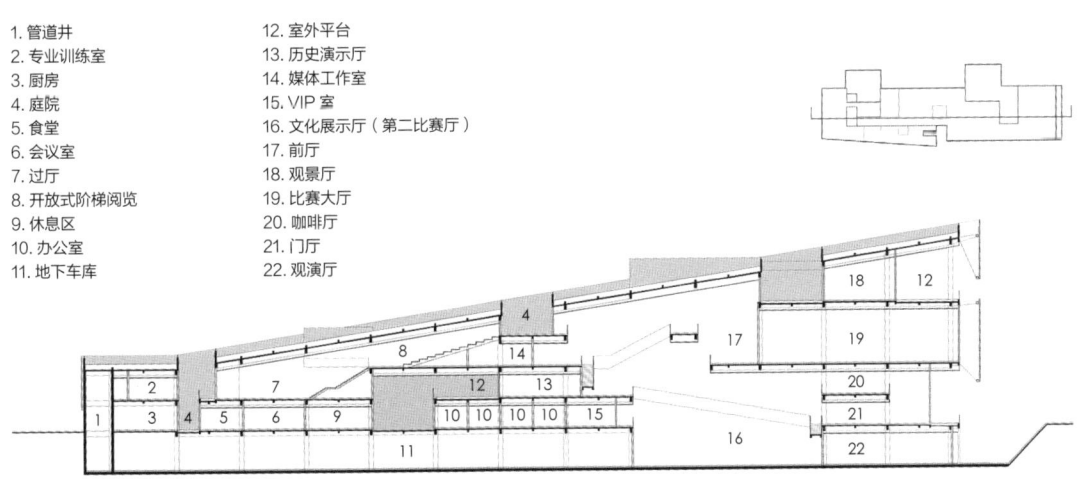

1. 管道井
2. 专业训练室
3. 厨房
4. 庭院
5. 食堂
6. 会议室
7. 过厅
8. 开放式阶梯阅览
9. 休息区
10. 办公室
11. 地下车库
12. 室外平台
13. 历史演示厅
14. 媒体工作室
15. VIP室
16. 文化展示厅（第二比赛厅）
17. 前厅
18. 观景厅
19. 比赛大厅
20. 咖啡厅
21. 门厅
22. 观演厅

剖面图

# 弈气·异院

学生 / 芮 典（2022级）学
导师 / 吴 丹 企
　　　 汪妍泽 校

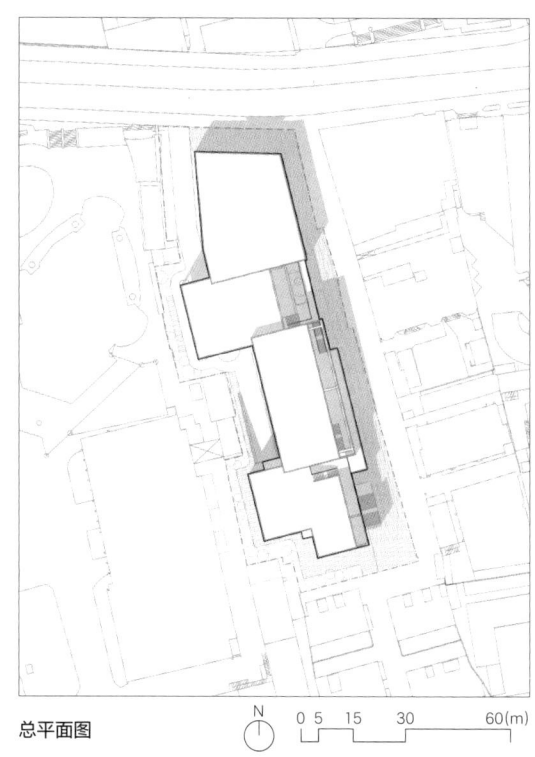

总平面图

## 设计简介

在上海市区高密度的城市环境中，我希望通过上海棋院的设计，创造一个具有公共性的复合城市院落。在研究生的设计课程中，我第一次在学校老师和企业导师的共同帮助下，较为充分地考虑建筑材料、颜色、细部、构造、分缝等能够具体实现的各项细节内容。无论是穿孔铝板的使用与分布、幕墙分缝的位置关系、建筑体块的高低错落、洞口尺寸的比例变化，还是虚实结合的内外体验……对这些内容的考虑也让最终的方案呈现得更为丰满细腻。在整个学期的设计过程中，虽然方案的推敲经历了各种纠结、波折、反复、变化，但通过学习谷口吉生等设计师的作品，我逐渐找到了自己喜爱的表达方式与风格，将自己的空间设想一以贯之地倾注在设计之中，使建筑由内而外形成了整体的秩序与微妙的平衡。没有过多的概念包装和夸张的形体，设计回到了本身充满乐趣的过程，也让我在点点滴滴中实现了自己所向往的克制、细腻且内含意趣的风格。

学生作业精选 DIVERSE POSSIBILITIES　　　　　　　　　　　　　　　　　　　　　　　　　　　　　　　　　　　　/157

本次的上海棋院设计是我迄今为止体验过最完整、最细致的设计课程内容。学校老师在空间理念、形式、风格等方面的建议，以及企业导师在规范、流程、实操等方面的指导，两者互为补充，增强了设计成果的专业性和实践性。我对不同材料的类型、构造有了更全面的认识，对基本的建筑及消防规范有了真正的落实，对设备布置的配合及细部组织也有了更深入的理解，这些大大补充了我在建筑设计方面的认知。虽然还不能全面地了解所有的细节，但这些经验为我提供了更多的思考角度，也让我在建筑设计单位实习时能够更加游刃有余地沟通并完成工作。

## 概念与形体生成

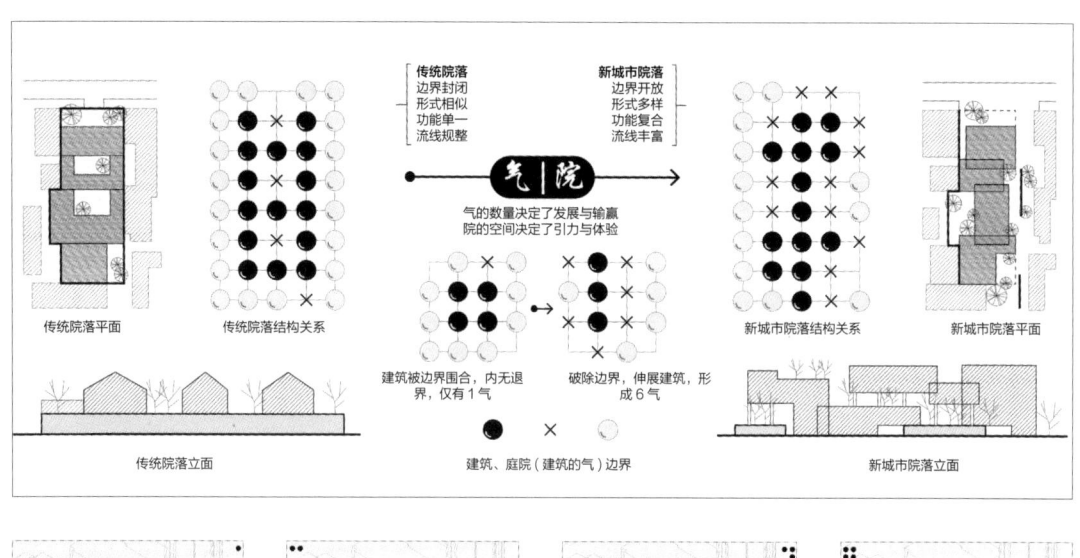

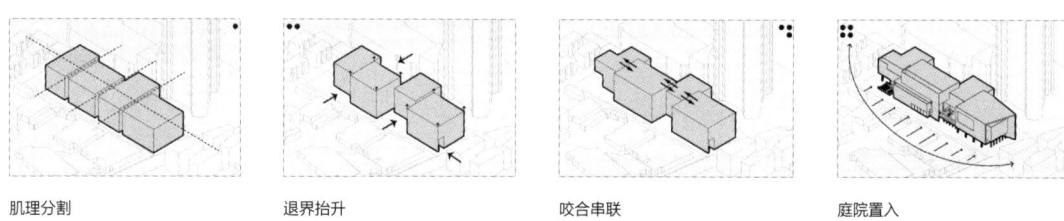

肌理分割　　退界抬升　　咬合串联　　庭院置入

**吴丹**　该建筑以化整为零的策略来回应周边的关系，通过多种手法设计出一种新型城市院落。芮典同学很有探究精神，利用移步换景去引导体验流线，在手法推敲、形体比例把控、虚实节奏变化、立面石材的拼缝处理等方面，均有着自己深刻的思考。

学生作业精选　DIVERSE POSSIBILITIES

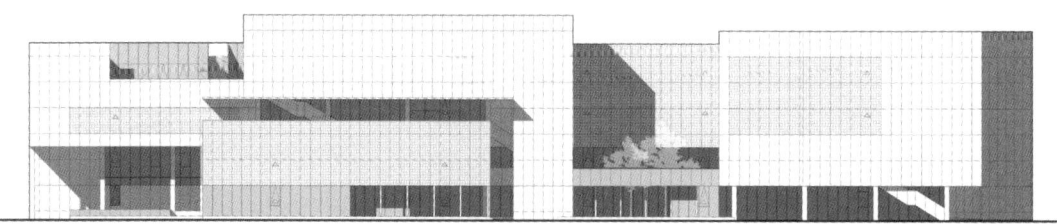

东立面图

# 学生作业精选 DIVERSE POSSIBILITIES

1. 体能训练室
2. 媒体讲解室
3. 综合门厅
4. 棋牌文化展示馆
5. 棋牌图书阅览室
6. 休息前厅
7. 综合门厅

侧墙开设电动自动排烟窗,窗底高于室内地面 3.58 m。排烟窗形式为上悬窗,开启角度 >70°,开启面积 59.9 m²

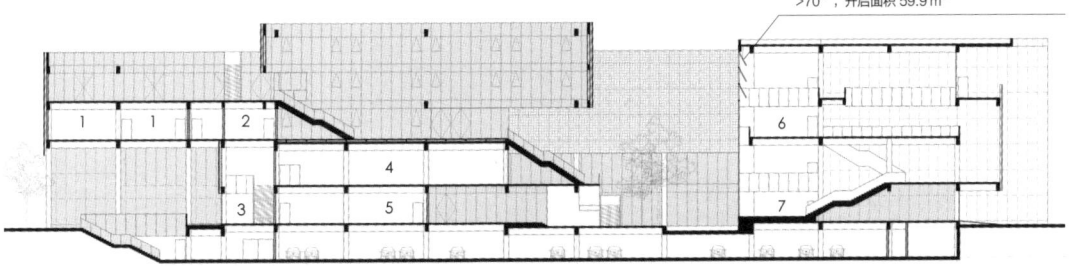

剖面图

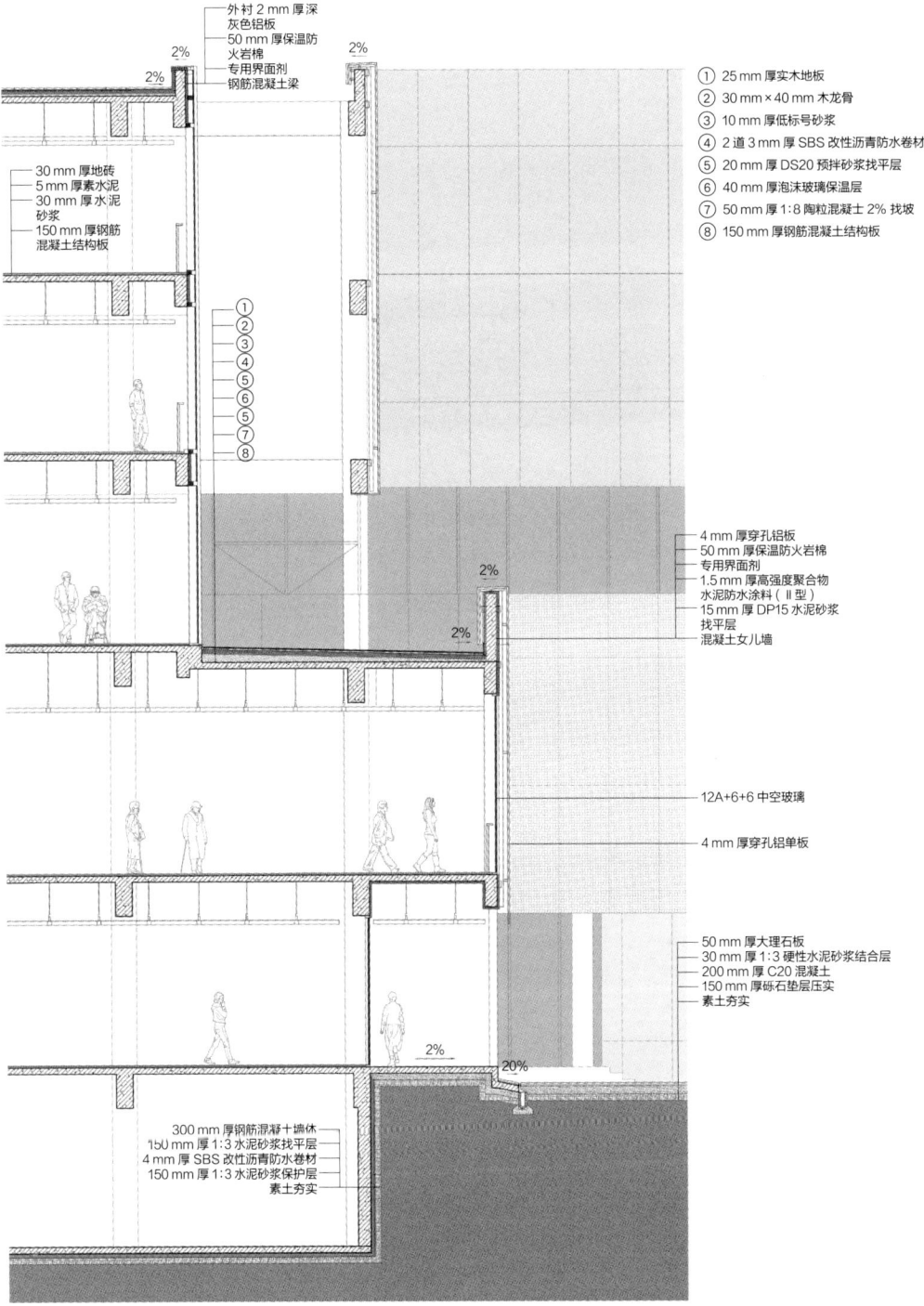

构造大样图

学生作业精选 DIVERSE POSSIBILITIES　　　　　　　　　　　　　　　　　　　　　　　　　　　　　　　　　　　　　　/163

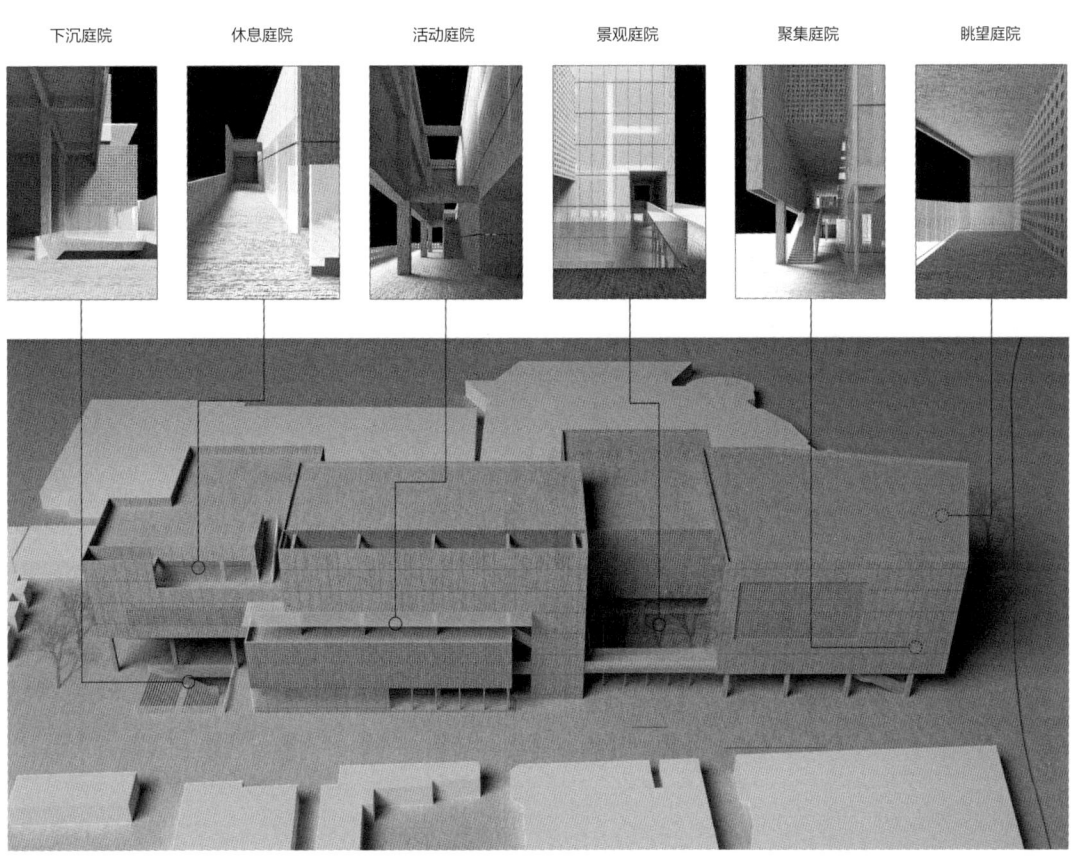

庭院节点透视

**汪妍泽**　区别于在高密度城市环境中彰显建筑本身的个性，谦逊、由内而外的空间养成是一种柔性的应对方式。芮典同学的"弈气·异院"通过多个体量的组合化解了基地纵深的长度，通过拾级而上、连续但曲折的景观动线创造了一系列尺度宜人的公共空间节点。在清晰的空间策略下，细腻、生动的空间营造展现了设计对于公共建筑中的"公共空间"的思考。

多体量组合的方式有利于复杂功能的布局，但是如何从"化整为零"回归"化零为整"、凝练出建筑的独特性，成为设计的难点。虽然过程中经历过停滞、反复，芮典同学始终坚持在最初的空间架构基础上推敲深化，并且逐步融入人体尺度、材料构造、景观环境等多重要素，为每个空间节点注入功能与活动的真实性，为每个场景提供了具有体验感的维度。

# 游园惊梦

学生 / 张雯萍（2022级）
导师 / 张　扬
　　　 陈　易

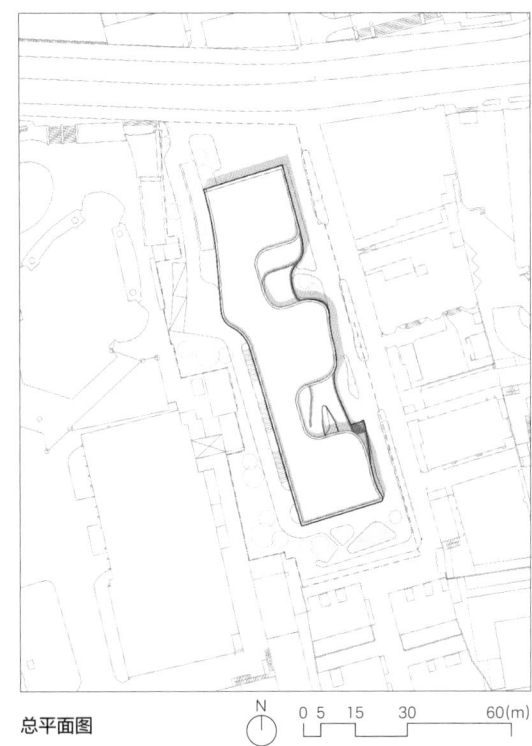

总平面图

## 设计简介

设计从处理公共空间与私密空间的平衡入手，思考如何将棋院中的静谧氛围与南京西路的繁忙景象有效隔离。"游园惊梦"设计理念融合了休闲与竞技的双重属性，力求营造一处既能让城市的繁华退却，又能让棋道精神蔓延的精神栖所。项目地处繁忙的南京西路，这样的地理位置让公共交流与私密思考成为设计中的两大主题。设计创造了一个流动的开放花园空间，打破常规的楼层布局，连接了室内外空间，为都市提供了一片绿洲。作为设计亮点，流动的开放花园空间不仅为城市人群与社区居民营建了一处聚会与休憩的场所，还为棋手们提供了一个放松与交流的环境。

设计"游园惊梦"棋院的过程是一次对城市空间、文化属性以及不同人群空间需求的探讨。如何在有限的地块上将公共价值最大化,如何以设计思考回应城市的人文呼唤,是我在本次设计实践中感悟最深的要素。

引入企业导师指导设计课程,我认为是极为宝贵的教育创新。企业导师在实战中积累的经验对于理论学习得以落地至关重要,能够使我更充分地与实际项目的需求接轨。这种行业指导能够为我们提供更切实的设计意见,增强设计教学的针对性与实用性。

## 形体生成

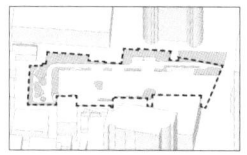 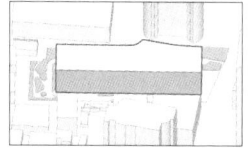 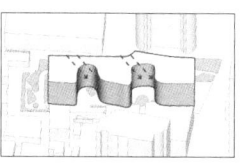 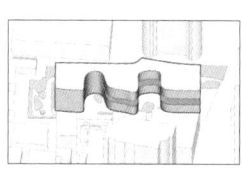

用地范围　　　　　　　　体块生成　　　　　　　　置入庭院增加采光　　　　置入开放共享花园

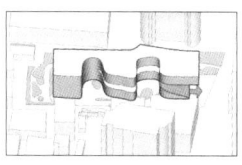 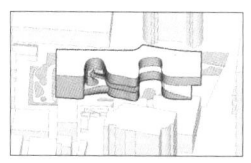 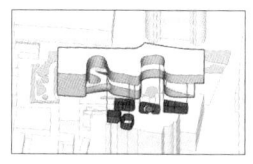 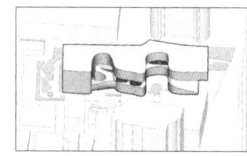

置入入口灰空间，共享　　共享花园向内部开敞　　　置入小体块　　　　　　　最终形态
花园向入口开敞

**张扬**　张雯萍同学的设计展现了对建筑空间的大胆创新和灵活运用。设计从向城市开放的公共花园入手，用包容的姿态创造醒目的入口广场；巧妙大胆地将曲线作为建筑平面的主要元素，通过凹凸立面的设计，在提升底层采光效果的同时，为棋手和游客提供丰富的活动空间和更多的休闲选择。此方案在对建筑平面形式做出探索和突破的同时，也为城市创造了大量的共享空间。对于曲线的灵活运用，不仅赋予建筑动感，也使得空间更加开阔自然。

**陈易**　该设计方案将辅助空间和小空间置于西侧，东侧则布置大空间和开敞空间，增加空间的变化。在满足功能需求的基础上，采用曲线构图的方法，使空间和建筑外观柔和舒展、富有变化。同时，方案重点考虑了沿南京西路的主立面设计，结合曲线形态，塑造出开敞、动感的外观效果，既突出了建筑的个性，又活跃了街景，成为南京西路的一处亮点。

学生作业精选  DIVERSE POSSIBILITIES

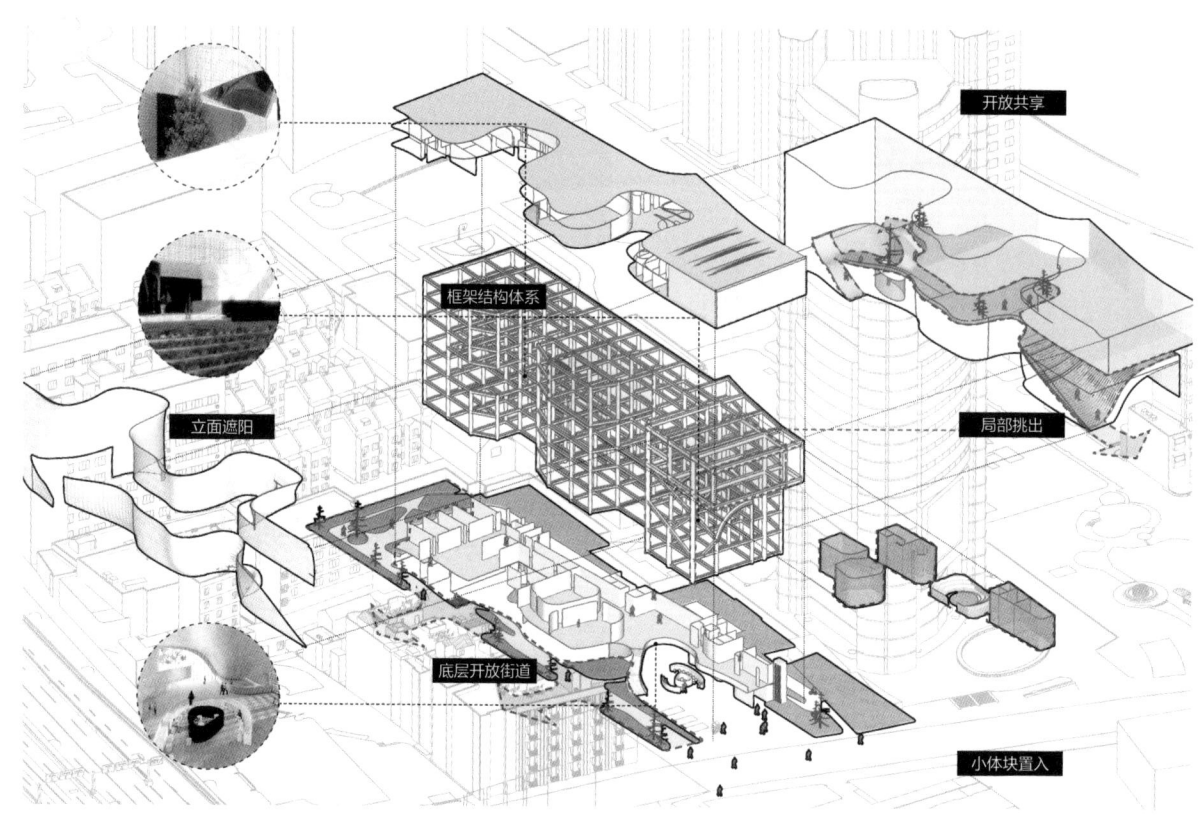

爆炸轴测图

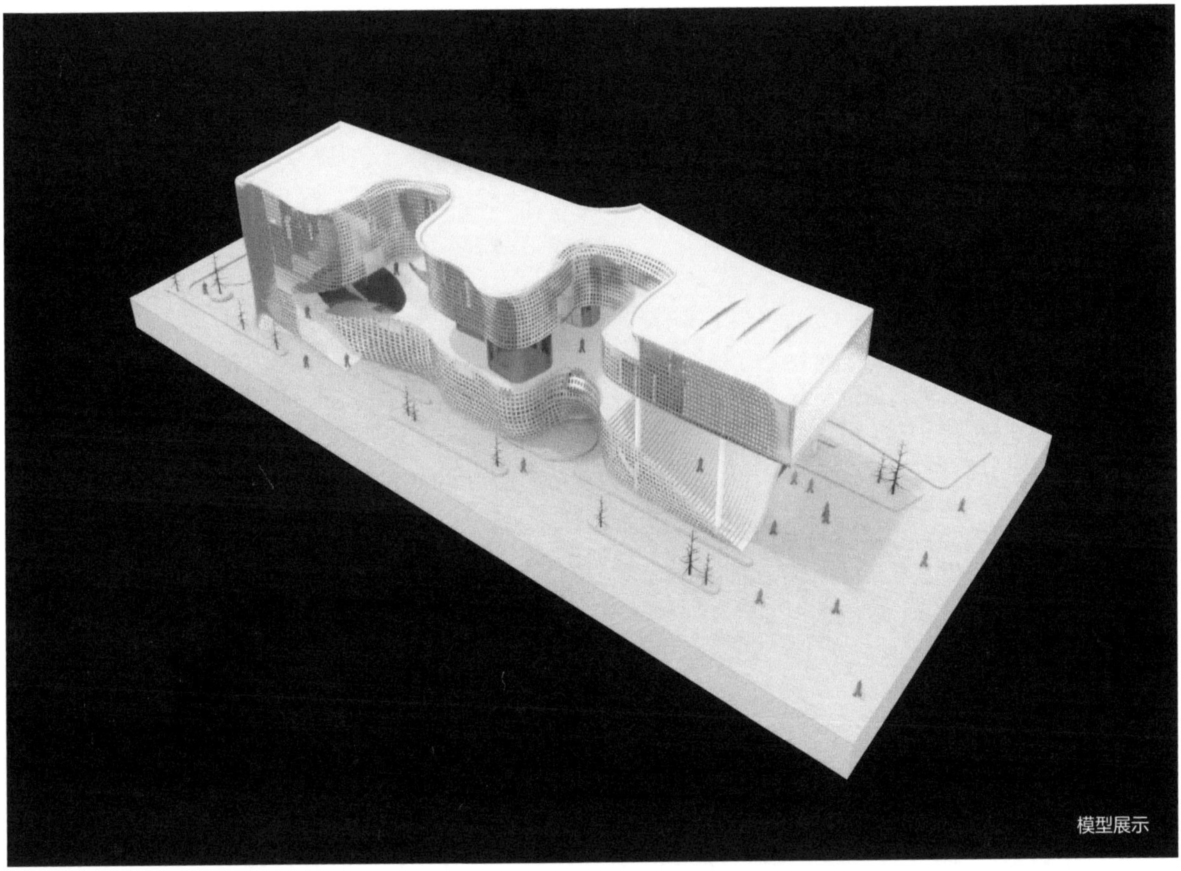

模型展示

1. 门厅
2. 咖啡厅
3. 休息区
4. 前厅
5. 多功能比赛厅
6. 花园
7. 展示厅
8. 阅览
9. 观赛厅
10. 专业训练用房
11. 储藏室
12. 变配电室
13. 管理用房
14. 食堂
15. 体能训练
16. 厨房
17. 休息室
18. 科研用房

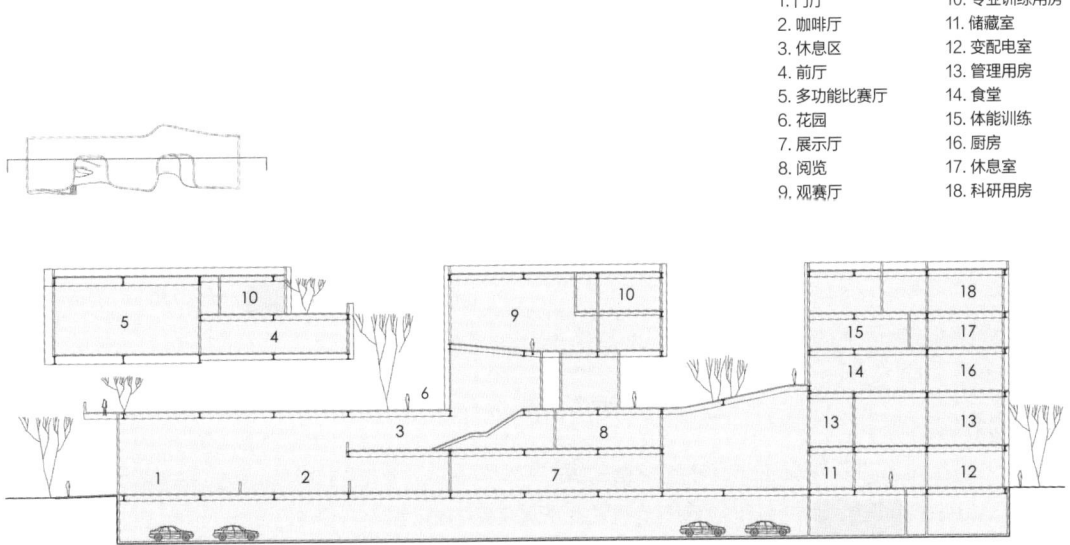

# 从博弈到共享

学生 / 张志豪（2022 级）
导师 / 张　扬
　　　 陈　易

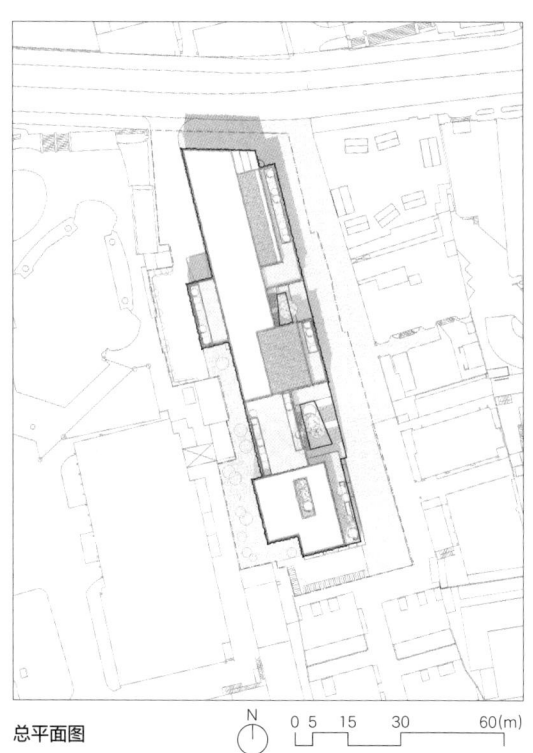

总平面图

## 设计简介

设计题目为上海棋院，场地位于上海静安区南京西路 595 号。方案从场地现状出发，发现该场地位于一个功能、风貌、尺度混杂的街区内，但各个肌理之间缺乏有机联系。设计希望以建筑为媒介，通过为城市、居民创造一个共享场所，将周围环境有机结合起来。方案在建筑内布置庭院、平台、灰空间，为使用人群提供停留交流的空间，并通过游径连接内部公共功能，使建筑室内外与周围城市空间形成一套共享系统。

本次课程最大的亮点在于校企结合，不仅有校内导师，还有来自于同济大学建筑设计研究院的建筑、结构、暖通专业的老师共同指导。在课堂上，我切身体会到了设计院的工作流程、设计方式、评价标准等内容。经过老师们的指导，我发现以往的设计思考更多来自于概念创意，并没有与实际项目落地相结合。在老师们一次次的耐心讲解中，我更深入地理解了实际落地项目的内涵与价值，这样的设计课程形式可以更好地为未来的工作生活作铺垫，我感到获益匪浅。

## 形体生成

根据建筑红线及指标置入建筑体块

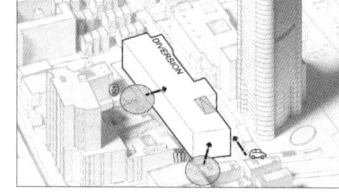

调整体块进行人车分流

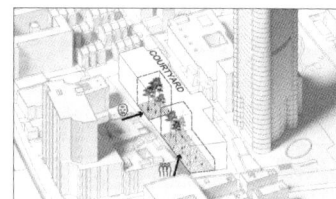

消减体块,围合庭院,吸引城市、居民人流

在内部设置通高、平台、踏步空间,为使用者提供丰富的观赛、看展等体验

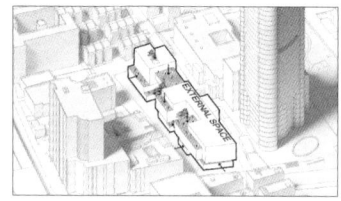

消减体块形成平台、庭院、廊道空间,丰富建筑外部形象,提供休闲功能

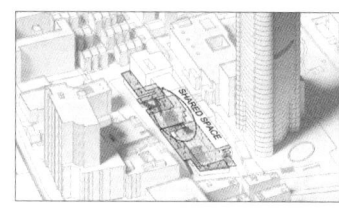

设置踏步、廊道、平台空间串联室内外公共空间,实现建筑整体共享

模型展示

**张扬** 　张志豪同学巧妙地从场地现状出发,深入挖掘街区特点,提出以建筑为媒介,将城市与周围街区的肌理有机联系起来的设计策略。

　　设计中的游径通过流畅的动线连接了建筑内部的公共功能,使建筑的室内外空间与周围城市形成一个整体的共享系统。这种有机的连接手法,巧妙地将街区各部分肌理相互串联,创造了一个可以承载多元人群需求的公共场所。张志豪同学通过调整建筑体块实现了人车分流,避免了不必要的交通干扰,同时通过围绕庭院布置公共空间,吸引了城市人流进入建筑内部。设计通过在建筑内设置庭院、平台和灰空间,为使用人群提供了丰富的停留与交流空间。多层次的空间布局串联了室内外公共空间,增强了场地的社交属性。这种设计理念不仅展现了对城市共享空间的关注,更表现了他在城市更新与场地融合方面的深刻思考。

学生作业精选　DIVERSE POSSIBILITIES

**陈易**　该设计方案在南北向狭长的基地上,将建筑沿南北方向分为若干体块,通过楼梯、平台、室内外等公共空间形成丰富的空间变化,同时实现清晰的功能分区。在外观上,西侧通过简洁的立面处理回应基地外的高层办公楼;东侧则通过建筑体块和室外空间的变化,形成了较为丰富的立面效果,与周边环境形成良好的互动,活跃了环境气氛。

　　整个立面既素雅简洁,又有一定的变化,沿南京西路主立面的一层、二层做了后退和敞开处理,丰富了街道景观,且与城市街景形成互动。

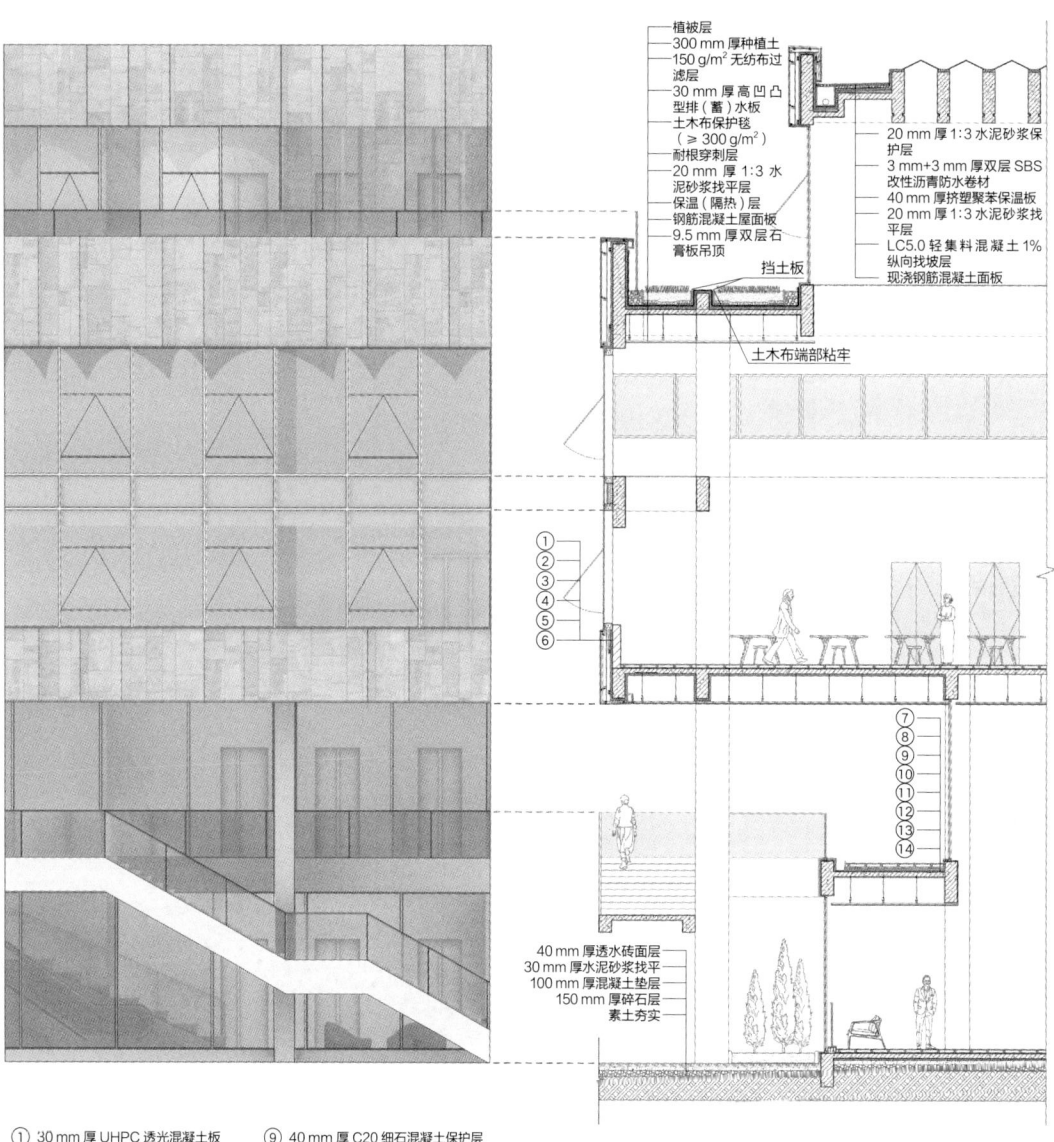

构造大样图

① 30 mm 厚 UHPC 透光混凝土板
② 防火棉
③ 防水透气膜
④ 50 mm 厚岩棉保温板
⑤ 界面剂
⑥ 200 mm 厚砌块墙
⑦ 防腐木地板
⑧ 50 mm × 50 mm 木龙骨（刷防火剂和防腐剂）
⑨ 40 mm 厚 C20 细石混凝土保护层
⑩ 10 mm 厚 WS20 水泥砂浆隔离层
⑪ 3 mm 厚防水卷材
⑫ 20 mm 厚 WS20 水泥砂浆找平层
⑬ 50 mm 厚保温层
⑭ 钢筋混凝土楼板结构层

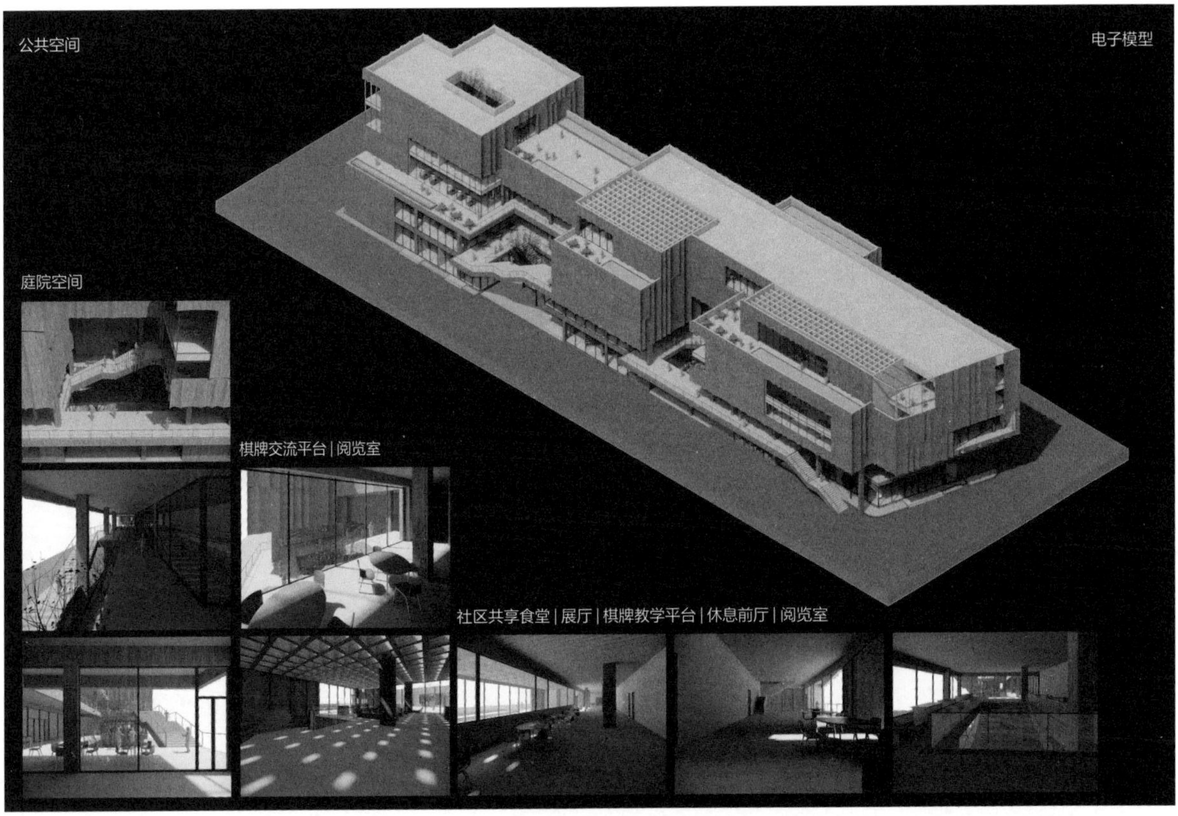

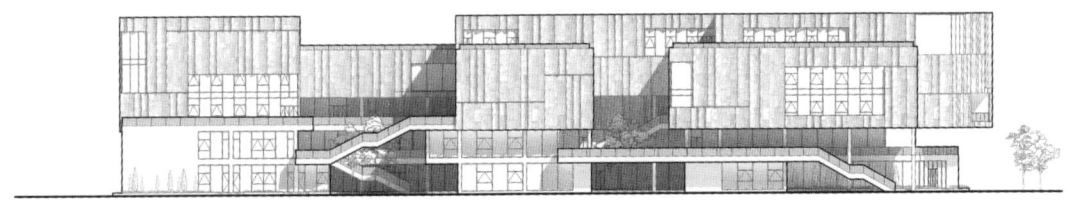

公共空间　　　　　　　　　　　　　　　　　　　　　　　　电子模型

庭院空间

棋牌交流平台 | 阅览室

社区共享食堂 | 展厅 | 棋牌教学平台 | 休息前厅 | 阅览室

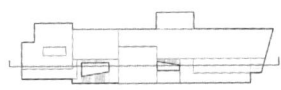

东立面图

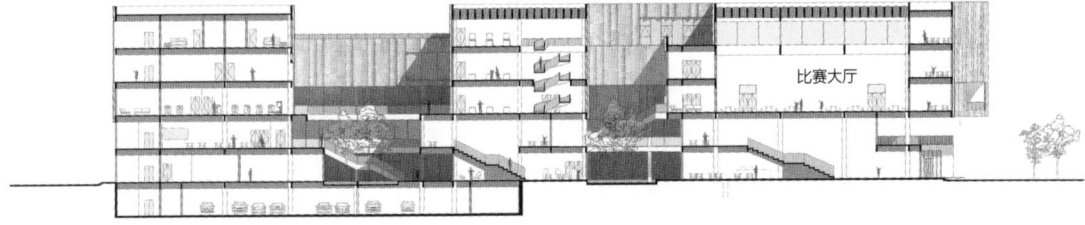

比赛大厅

剖透视图

# 以棋会友

学生 / 李婷婷（2022级）学
导师 / 高　磊 企
　　　孟　刚 校

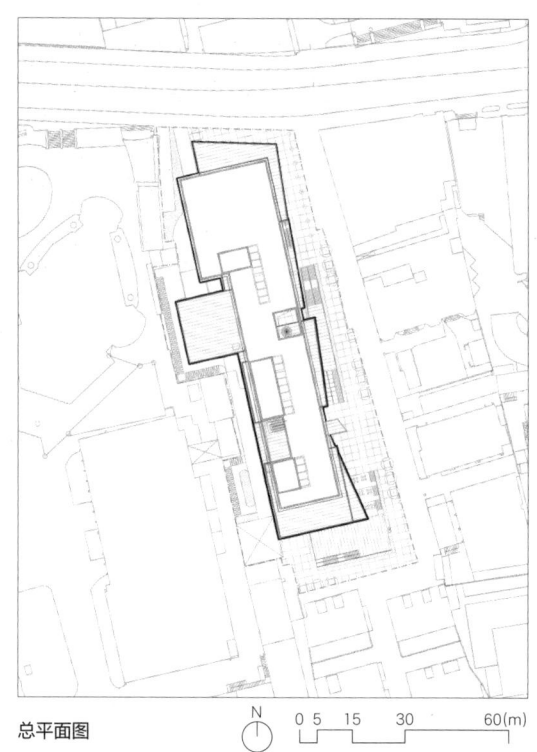

总平面图

## 设计简介

根据棋院周边复杂的建成环境、棋院自身多类型功能空间的需求，基于文化建筑的性质，创造高度不同、水平错位的室外空间，再通过室外楼梯将这些空间串联起来，使市民可以在室外空间中自由穿行，等同于在棋院建筑中随性漫步。将咖啡、茶室、书店这些"日常性"功能置入紧邻室外空间的建筑内部，最终实现将"日常性"贯穿于"艺术性"之中，体现棋院用文化建筑激活城市活力、创造高品质城市空间的属性，也展示了棋院开放且乐于融入城市人民生活的积极态度。

学生作业精选  DIVERSE POSSIBILITIES /177

棋院是个非常好的设计题目，它的各种要求和限制能够充分激发同学们的设计灵感。在空间、体块、结构、材料、立面、渲染效果、图纸排版表达等方面，设计都对自我突破提出了要求，鼓励我们不断拓宽自己的边界。设计、结构、设备专业的企业导师是长期工作于建筑第一线的佼佼者，特别是设备专业的企业导师，向我们分享了在学校的设计课程中很少涉及的设备经验。企业导师的引入让我们能够更深层次地认知建筑，拓展知识面，提高自己的设计能力，积累相关的实践经验。

## 形体生成

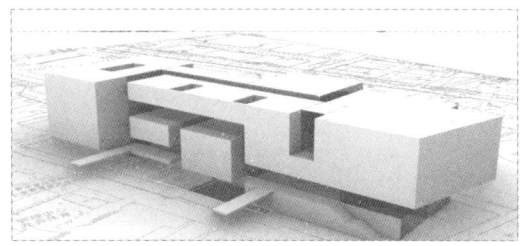

**初始模型体块**
从剖面构思出发,实现体量与剖面的统一

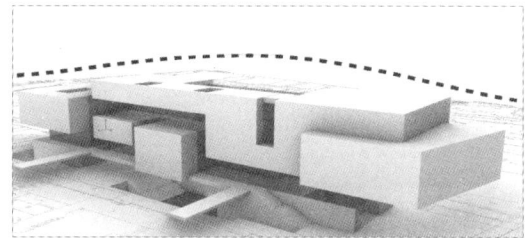

**第一次优化**
1. 从天际线考虑,减少建筑体量对周边建筑的压迫
2. 将两端体块降低,创造户外活动平台,回应城市与润康邨

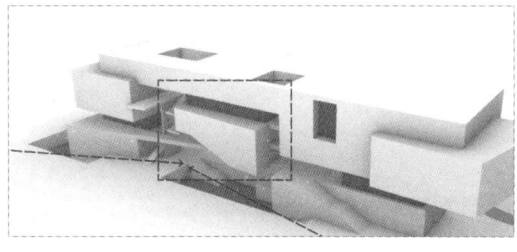

**第二次优化**
1. 引入两条斜线元素,交汇于基地内部,形成放大的开放空间,引入人流
2. 将观赛厅置于上方,利用阶梯空间与下沉庭院、室外楼梯、室外挑台等形成丰富的户外立体空间,创造核心场所,以棋会友

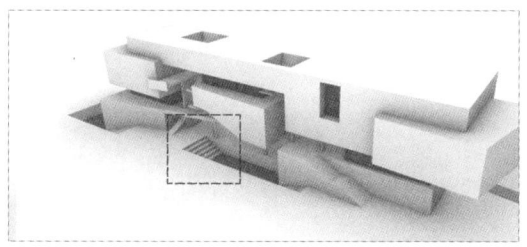

**第三次优化**
整体体块关系确定后,优化处理细节,如:通往下沉庭院的台阶式处理

**孟刚** 本方案立面以正交网格为基本构图逻辑,在面向主要道路的立面,通过双层表皮设计,以棋盘格的形式,婉转地传达了建筑的功能信息。整体造型既理性简洁又富有变化,立面选择新材料以体现当代精神,同时与周边建筑形成对比,衬托了历史的厚度。设计通过巧妙构思赋予建筑以丰富的空间变化,将"缝隙空间"引入剖面,创造户外立体公共空间,体现了对城市日常性的尊重。其下沉广场、底层架空空间与南京西路城市道路、周边小区道路系统连通,将内部道路转化为城市肌理,同时它们又与建筑内部的商业、展厅、比赛功能相融合,实现了室内功能外化。

## 学生作业精选　DIVERSE POSSIBILITIES

## 缝隙

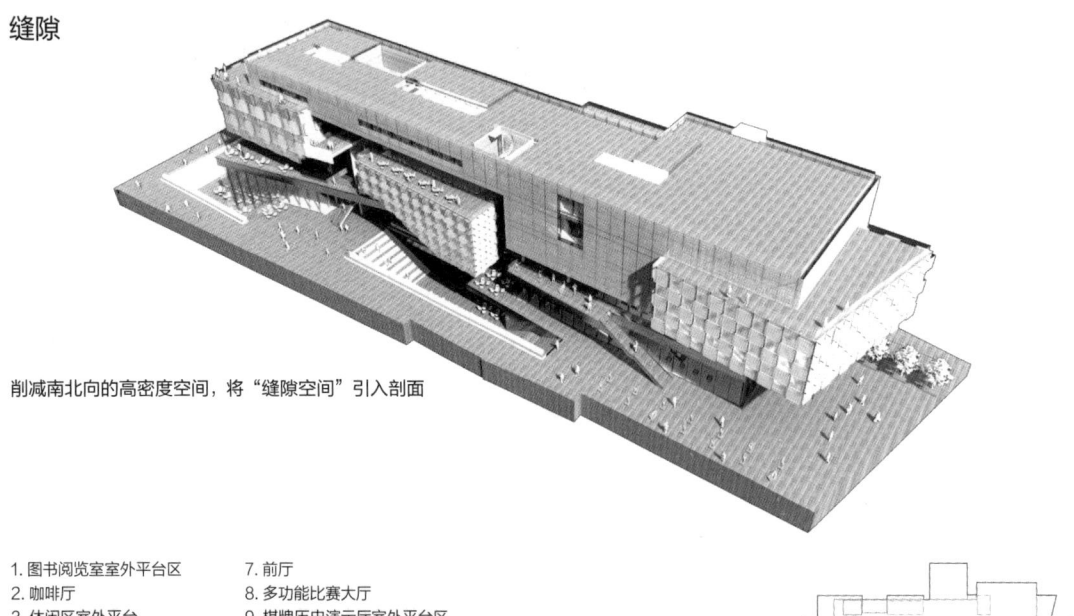

削减南北向的高密度空间,将"缝隙空间"引入剖面

1. 图书阅览室室外平台区
2. 咖啡厅
3. 休闲区室外平台
4. 观赛厅
5. 一层架空 以棋会友下棋区
6. 室外咖啡区
7. 前厅
8. 多功能比赛大厅
9. 棋牌历史演示厅室外平台区
10. 主门厅
11. 主入口广场

剖透视图

**高磊** 李婷婷同学通过对场地及任务书进行深刻的剖析和解读,从剖面入手,最终完成了功能布局和形体构思的高度统一。除此以外,在室外立面和室内空间等细节处理上,方案以棋院文体建筑的特有属性作为肌理,深度发掘金属穿孔板、聚碳酸酯材料以及玻璃幕墙多种材质组合下所呈现的不同"编织"效果,打造令人向往的细节微变化。

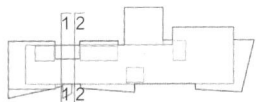

模型剖透视图 1-1

模型剖透视图 2-2

# 林中弈

学生 / 余悠然（2022 级）学
导师 / 高　磊 企
　　　孟　刚 校

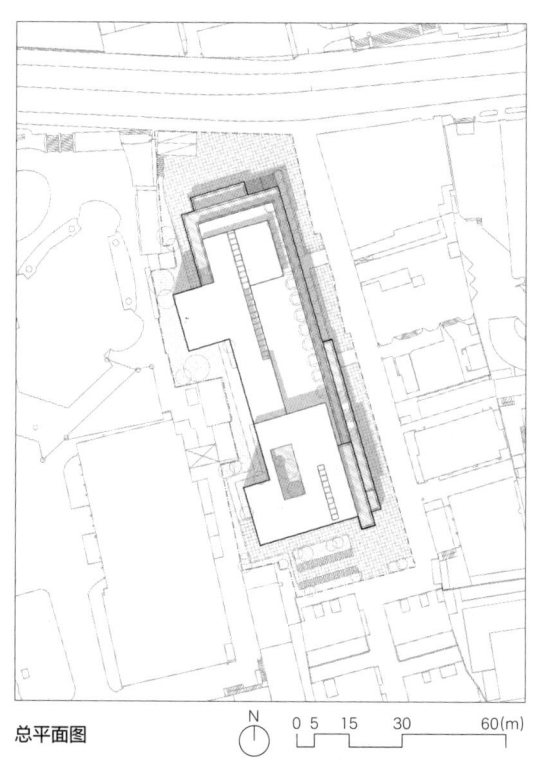

总平面图

## 设计简介

　　设计概念源自一个古老的意象——树下对弈。夏日树荫下，两位老者你来我往。将这个场景抽象提炼可以得出：第一，这是一种有遮蔽的灰空间；第二，这种灰空间并不是横平竖直、过于规整的，所以在进行转译的时候，要尽可能保留空间的灵动气质。于是我选择了伞拱作为建筑的基本元素，以伞拱为树，堆木成林，形成"林中弈"的格局。整座建筑都是由不同方向的伞拱堆叠而成的，伞拱既作为支撑结构，也围合了空间形态。结构和形式采用一体化设计，实的部分采用实墙面，虚的部分采用玻璃幕墙，整体空间较为纯粹。伞拱由 8.4 米的模数控制，采用 2 片 200 毫米厚的钢筋混凝土板，内部有 400 毫米的空腔，用来敷设管线。架空地面层的厚度也是 400 毫米，同样供管线使用。室内预留了出风口，较大的空腔内预留了喷淋口，所以管线被完全包在伞拱内，保证建筑空间内部呈现一种相对纯粹的状态。

学生作业精选  DIVERSE POSSIBILITIES

以培养未来的建筑师为目标，势必需要考虑设计的落地性。本次设计课程并不是在限制同学的想象力，也没有以落地性为说辞而过多地设置条条框框。它鼓励的是以最严谨的思考将设计想法和意向化为可实现的方案。在课程中，不仅有学校的老师对设计给予辅助，还有设计院的专业从业人员作为导师一同帮助学生们深化方案，以及结构和设备的资深设计师为同学们提供专业指导。多方力量协同辅助，旨在给予同学最大程度设计自由的同时，保留方案的可操作性。受益匪浅，非常感谢。

## 概念与形体生成

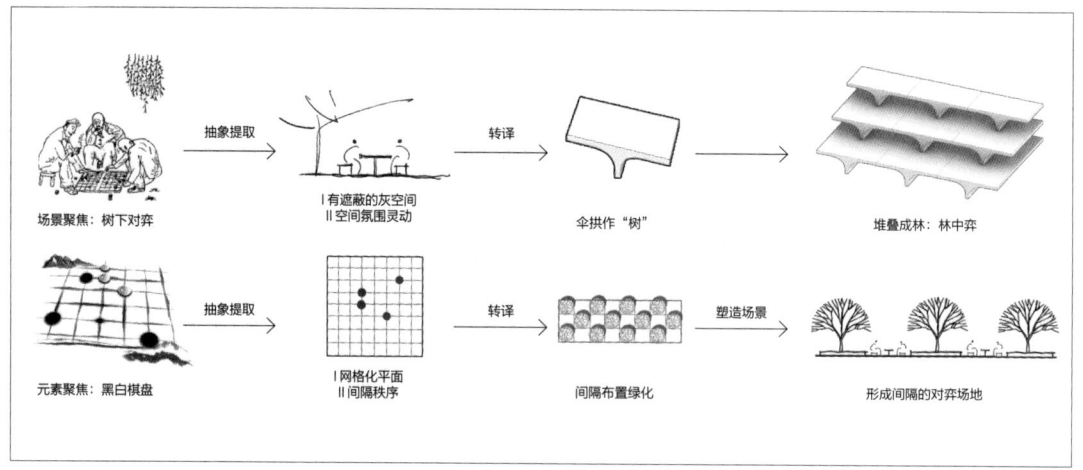

 **高磊**　余悠然同学的课程作业从生活中常见的"树下对弈"场景出发,获取灵感。作品以"伞"和"盒子"为设计元素,转译为树,并堆叠成林,从而点出作品的主题——"林中弈"。

建筑原本就是场所,在这里,盒子不再是单纯的空间,而是包含了各种行为场景可能性的地点,而设计中"伞"与"盒子"形成的灰空间恰恰为这些场景提供了多元可能。设计通过建筑场景的再现,很好地保留和延续了原有的生活方式和场景。

**张峥**　在技术的角度,伞形单元的设计关注了结构悬挑的尺度、根部加厚的处理等关键问题;在单元叠合上,设计关注了重力荷载传导的直接性,尽量减少结构转换,并在此基础上努力实现功能布局的合理性。这些是难能可贵的。清水混凝土的质感很契合本项目的文化主题,也呼应了高密度环境下城市公共空间的艺术性。总体上来说,这是一个有新意、有难度、有实际落地可行性的方案设计。

学生作业精选　DIVERSE POSSIBILITIES

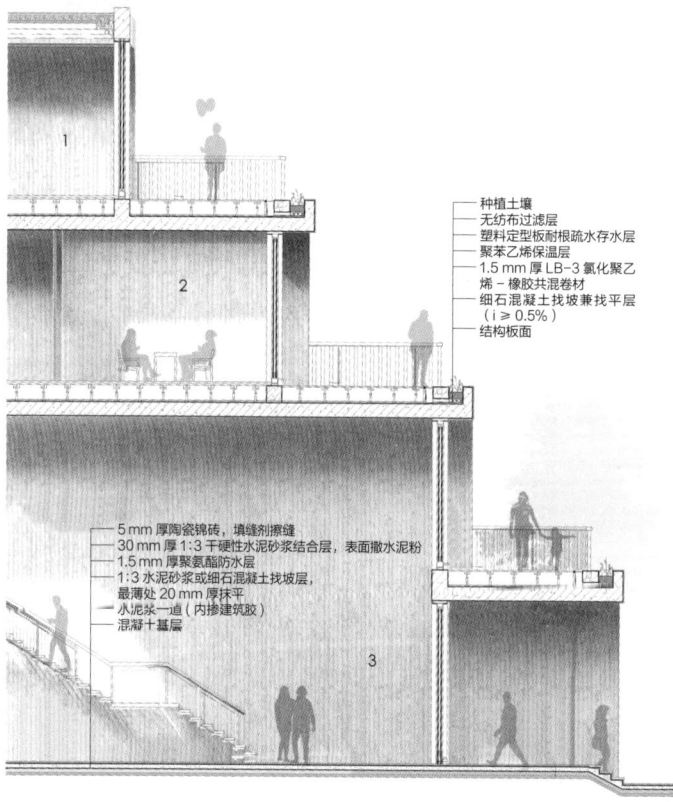
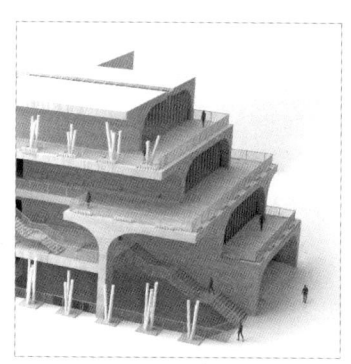

种植土壤
无纺布过滤层
塑料定型板耐根疏水存水层
聚苯乙烯保温层
1.5 mm 厚 LB-3 氯化聚乙烯-橡胶共混卷材
细石混凝土找坡兼找平层（i ≥ 0.5%）
结构板面

5 mm 厚陶瓷锦砖，填缝剂擦缝
30 mm 厚 1:3 干硬性水泥砂浆结合层，表面撒水泥粉
1.5 mm 厚聚氨酯防水层
1:3 水泥砂浆或细石混凝土找坡层，最薄处 20 mm 厚抹平
水泥浆一道（内掺建筑胶）
混凝土基层

1. 锻炼
2. 决赛对弈
3. 门厅

构造大样图 1

学生作业精选 DIVERSE POSSIBILITIES                                                                    /187

**张华**　在此方案中，设计者对空调系统采用了较为新颖的架空地板方式，主要空调设备拟安装于架空地板内，各专业垂直管线设置于混凝土墙体的夹层竖井内，最大可能地隐藏了机电管线，充分展示了混凝土结构的线条。虽然在局部细节的可实施性上仍需深化，如管线维修、接入的可行性，但方案依然不失为一个较有创意的设计。

1. 食堂外摆
2. 地下车库
3. 室外对弈
4. 咖啡外摆区
5. 下沉庭院

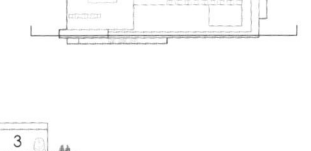

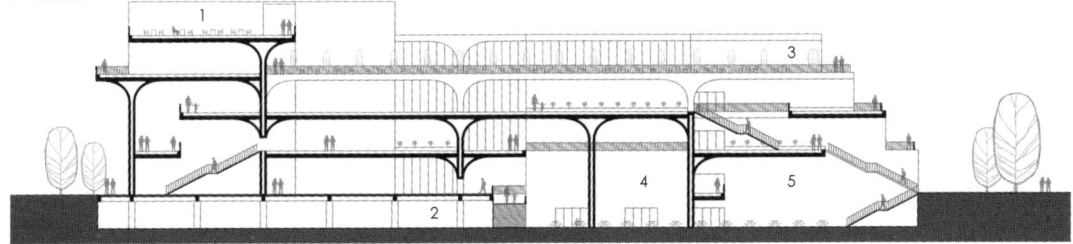

剖面图

构造大样图 2

校

**孟刚** 基于非常纯粹的形式感塑造林中弈棋的意境，令本方案显得相当与众不同。立面拱形的使用既是对已有成功先例的致敬与学习，也是从概念构思出发的自然选择。设计者尝试了多样的空间处理手法，面向主要道路从下到上层层收进，让建筑以谦逊姿态现身高密度环境中，由此形成的活动平台为人们的使用提供了多种可能，更为城市空间注入了活跃因子。主入口的大台阶让主立面空间具有了渗透感，而东立面设计的大量灰空间，模糊了内外界限，强调了建筑的开放态度，并与人行道路形成良好呼应，对丰富的日常活动产生促进作用。

# 4

## 探索之路
PATH OF EXPLORATION

192　建筑学专业型硕士研究生校企联合建筑设计教学探索

邓丰　董屹　文小琴　赵颖

# 建筑学专业型硕士研究生校企联合建筑设计教学探索 ※
EXPLORATION OF JOINT SCHOOL-ENTERPRISE ARCHITECTURAL DESIGN TEACHING FOR PROFESSIONAL MASTER'S DEGREE STUDENTS

## 1. 引言

设计教学是建筑学专业教育的核心。同济大学建筑系的设计教学改革探索是渐进式的，经历了多次演变，逐步形成了系统化、实践化和创新导向的教学培养体系。其教学目标一直以来都是培养学生自主学习的综合能力，培养面对社会和面向未来的建筑师[1]，因此，重视实践和产教融合是其非常重要的特征之一。

早在1950年代，同济大学便形成了以实践带动教学的模式，强调学生参与实际工程项目，通过"边教学边生产"的方式，锻炼了学生的实践能力和综合素养[2]。在1960年代，通过成立设计处，师生共同参与重大工程设计项目，如中央音乐学院华东分院、上海儿科医院等，进一步强化了理论与实践的结合[3]。这种重视实践的传统为同济大学在建筑教育领域奠定了坚实的基础。1980年代以后，同济大学逐步建立了系统化的设计课程体系，将建筑设计与技术课程相结合。设计课程分为多个阶段，从基础到高年级，再到研究生阶段，逐层递进，确保学生在各个层次上都能得到有针对性的专业训练。其中，创造能力是专业素质与专业能力的重要组成部分，而实践活动则是激发学生创造性思维的必要基础，是学生创造能力培养的主要教学环节[4]。

最近几年，在建筑学专业型硕士研究生培养的现行体系下，建筑学专业型硕士的培养导向也从单纯的理论研究型转变为多元化的、以实践为主导的专业实践型。因此，研究生建筑设计课程的设置与实施成为设计教学改革与转型的重要环节。根据同济大学当前建筑教育培养本硕贯通的总体思路，专业培养的重心适当后移，需要加大

---

※ 本文最初发表于《时代建筑》，2024(4):124-129，作者邓丰、董屹、文小琴、赵颖，本书收录时略有修改。

硕士阶段的设计训练强度[5]。建筑系的设计课程分为"建筑设计"系列的必选题和"专题设计"系列的自选题两种训练模式[6]。这种"宽度与深度双向拓展的设计训练体系"是为了把培养的最高标准定位在批判与创造能力的培养上[7]。具体而言，是在加强通识教育的基础上，将"两条腿走路"的建筑设计训练作为卓越人才培养的基本策略，通过宽深并举，提升培养的高度。培养的"宽度"指的是学生的思想宽度，即视野、价值观、抽象能力、批判能力与创新能力，它引导学生发现技术层面之上的普遍科学规律，因此"专题设计"系列的训练应该与现实实践保持足够的距离。培养的"深度"指的是看问题的准确性，它引导学生增强对建筑设计和建造技术的系统理解和操控能力，这类"建筑设计"系列训练应该与工程实践紧密结合[8]。本文所涉及的课程正是对"深度"进行训练的研究生"建筑设计Ⅲ"课程。

"建筑设计Ⅲ"课程是同济大学建筑系本硕一体的核心建筑设计课程系列的第三部分，是建筑学专业型硕士研究生的必修课程设计，与本科阶段的"建筑设计Ⅰ"和"建筑设计Ⅱ"一起形成了设计深度训练的课程体系（图1）。课程通过统一的命题、统一的辅导和统一的评价标准来加强设计训练，并且将建筑设计的方法训练和技术能力训练作为目标。目标旨在培养硕士阶段的学生独立地综合运用城市、建筑、技术等相关理论知识，系统处理带有一定复杂程度的基本建筑设计问题，并达到一定的技术设计深度。

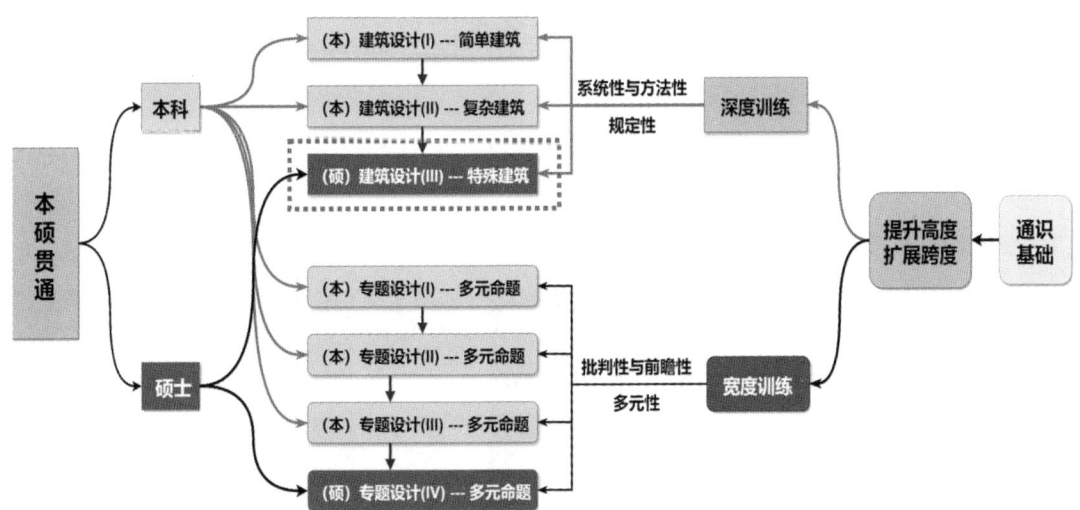

图1 以宽度和深度双向拓展提升的本硕贯通建筑设计课程体系

## 2. 产教融合建筑设计教学的创新探索

### 2.1 当前建筑设计教学所面临的挑战

以专业"深度"培养为目标,自2018年起,"建筑设计Ⅲ"就进入了教学改革的探索。在持续三年的"上海教育会堂设计"课题中,设计要求对标实践项目,对图纸和模型的成果要求都空前严格,不仅对学生,对教师也提出了极高的要求。

对于学生而言,对抽象概念和灵感的过度依赖,导致他们在设计过程中容易忽视建筑的实际环境和功能需求,从而使得设计可能缺乏必要的逻辑支撑。此外,学生在理解建筑设计的完整过程上表现出明显的不足,常常将设计方案限制在表面的概念设计阶段,缺乏深度,也很难深入下去。他们过度追求设计成果的视觉表现力,对与建筑密切相关的结构、设备、指标、建造等问题也缺乏深入的认知。学生们往往仅在课程设计的最终成果排版中根据要求借鉴几张毫不相干的构造详图,写几个胡乱计算的经济技术指标,仅从表面上完成了任务书要求,这并非课程设置的初衷。

另一方面,课程组织也面临挑战。"建筑设计Ⅲ"课程作为建筑系专业型硕士研究生的必修课,涵盖了全年级近130名专业型硕士研究生,将学生们分为12个小组,每组10~14名学生。这样的课程设置要求每个学年需要有12~14位专业教师同时投入这门课程的设计教学,师资的质量和组织能力对课程至关重要。由于这个课题训练对设计的深度和专业度要求较高,参与授课的教师都是建筑系具有突出实践能力的教师,具备一级注册建筑师的职业资格。近年来,随着具有丰

图2 企业导师授证仪式

图3 2021—2023年投入"建筑设计Ⅲ"课程教学的企业导师

富实践经验的资深教师逐渐退休，同济大学引进了一批在科研方面表现突出的青年教师，这些教师大多拥有海外留学背景，具备先进的理论知识和科研能力，但在设计实践经验方面却相对不足。

## 2.2 产教融合的设计教学探索

针对以上挑战，同时也为了加强建筑设计及其相关技术的设计辅导深度及专业度，同济大学建筑系与同济大学建筑设计研究院（集团）有限公司依托教育部产学合作协同育人项目，深化产教融合，自2021年秋季学期起，每年聘请8位同济大学建筑设计研究院（集团）有限公司具有突出专业实践背景和一定专业影响力、具备设计教学能力和热情的优秀建筑师、结构工程师和设备工程师担任兼职企业导师，全程参与研究生"建筑设计Ⅲ"的设计教学，组成了6+6+1+1模式的教师团队，即：6位专职教师+6位企业建筑师+1位结构工程师+1位暖通工程师。

2021—2023年，共计有17位企业导师投入到建筑设计Ⅲ的课程教学中来（图2，图3），弥补了传统建筑设计单一专业教学的缺陷。跨学科、跨专业的指导，从理论和实践两方面，全方位拓宽了设计指导的深度和专业度。通过充分利用企业丰厚的设计实践、多专业配合及职业化优势，可以训练学生适应真实的城市语境和环境，形成具有一定深度的系统化、专业化、职业化的建筑设计思维和方法，这促进了专业型硕士研究生的职业化和专业化培养，并在实践中摸索出具有同济特色的产教融合协同育人模式。

同时，通过校企合作机制，青年教师可以与成熟的职业建筑师合作，逐步积累丰富的实践经验。这种教师队伍的更新和多样化不仅可以带来新的教学理念和方法，也可以促进课程的创新和发展，使得建筑设计课程能够更好地适应当前建筑教育的需求和行业的发展趋势。

## 2.3 课题选择

"建筑设计Ⅲ"的课题设置前提是要探寻当代高密度城市空间中的场地和建筑设计策略，通过建筑与外部空间组织，营造与基地周边文化语境、城市环境和既有建筑相适应的空间关系。因此，本次产教融合课题的选择和课程设计任务书的制定经过了由学院专职教师与企业导师组成的课题组的多次讨论和修改，最终将课程设计的题目确定为"上海市中心城区高密度环境下的建筑设计——上海棋院项目"。

课题来源于同济大学建筑设计研究院（集团）有限公司的真实项目——设计院总建筑师曾群主持设计的"上海棋院"（图4）。原设计本身就是非常优秀的设计项目，建成至今获得过许多专业奖项。由于是真实建造的项目，设计任务书和各种实际的设计限制条件都比较全面具体。然而，受制于业主方的实际使用需求，以及现行政策和规范的强制要求，方案可自由发挥的空间受限较

图 4 上海棋院建成项目（建筑师曾群，章勇摄）

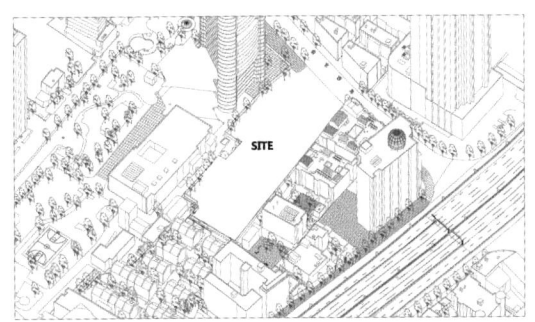

图5 上海棋院项目基地

图6 基地周边现状

大。因此,根据课程训练的需要,课题组对课程设计任务书做了一些必要的删减和调整,比如整体建筑面积乘了0.8的系数,功能设置增加了一部分为城市服务的公共空间要求,增加了对城市和社区的开放度,使之更符合课程设计的训练目的,也给学生们预留了更多可以自由发挥的空间。

## 2.4 课程基本要求

设计任务要求对上海棋院地块场地和建筑进行重建设计。项目基地位于上海市中心城区南京西路595号,场地街道尺度适宜、建筑类型丰富,具有典型的上海街道氛围(图5,图6)。设计目标是整合建筑结构、功能、形态、技术、构造、材料等要素,重塑上海棋院场地与建筑,提供一座为全市棋牌事业服务的城市级公共建筑设施。建筑设计要求对功能和流线进行合理安排;要求包含结构选型设计、防火分区与消防疏散设计、主要立面的纵剖面及其构造细部节点设计、无障碍设计等;要求运用合理的技术手段,创造满足基本建筑规范和深度要求的当代建筑,倡导并鼓励采用节能和绿色建筑技术。

## 2.5 教学组织

设计教学的重点是通过合理的课程安排和教学组织,训练学生的设计深化能力,并引导学生关注如何通过结构、材料、技术和设备等手段实现自己的设计概念。

### 1)阶段化成果推进

课程采用阶段化成果推进的方式,要求学生独立完成建筑设计的各个阶段,从环境与基地调研到案例分析,再到方案设计及深化设计成果的展示,以保证设计过程的连续性和关联性(图7),并通过多环节集体评图和讨论来加深学生的设计理解。集体评图不仅包括学生之间的互评,还特

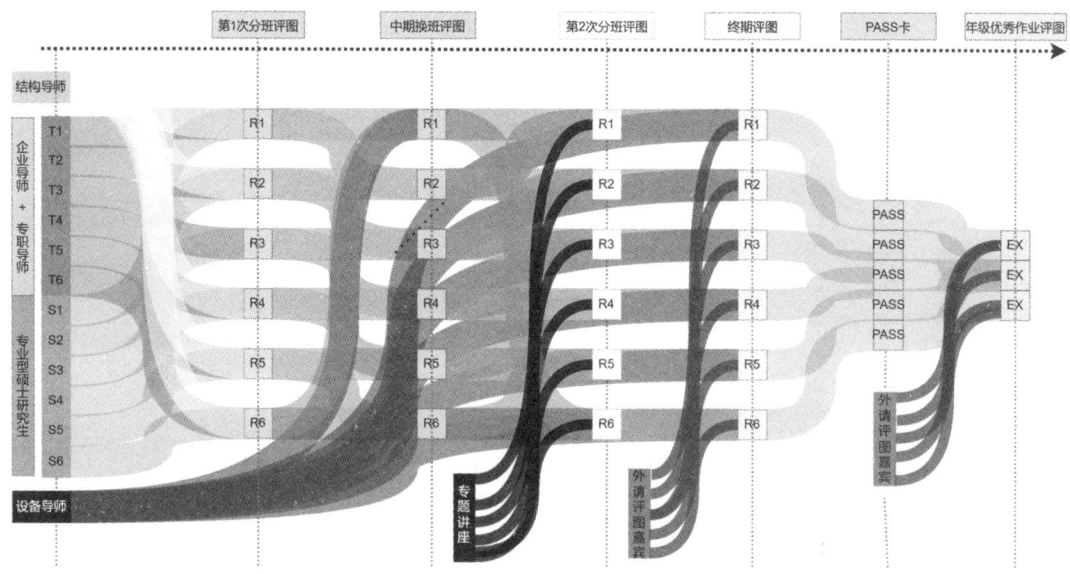

图7 阶段式推进示意图

图8 职业建筑师参与阶段性评图

图9 企业导师授课评图场景

别增设了错班评图和企业导师、职业建筑师设计团队的集体评图环节（图8，图9）。这种多角度、多层次的评图方式，使学生能从不同阶段和视角接受评价和指导，从而更全面地审视和提升自己的设计方案。

这种以成果为导向的阶段性评图和讨论不仅可以帮助学生持续推进设计，控制各阶段的设计深度，避免出现期末结题前学生频频更换方案，导致最后成果设计深度不足的情况，也可以保证设计成果的完成度达到课程设计的要求。

## 2）跨专业指导的重要性

跨专业指导在设计教学中发挥了重要作用。教学组织利用企业多工种配合的优势，引进结构和设备导师全程参与设计课程指导，弥补了传统建筑设计单一专业教学的不足。在教学团队中，结构工程师与设备工程师的引入起到了关键作用。他们提供了专业的技术支持，帮助学生在设计初始阶段就考虑到结构和设备的整合问题，确保设计方案不仅具有创新性，还具备可行性和可实施性。尤其是通过对每个学生有针对性的具体指导，结构导师和设备导师帮助学生理解复杂的技术问题，并探索创新的解决方案。这种跨学科的指导模式显著提高了学生设计方案的实用性和落地性，使学生能够在设计中更全面地考虑建筑设计的复杂性和系统性。

由于结构导师的引入，同学们敢于大胆尝试非常规结构设计，并获得了专业技术的支撑（图10）。如图11所示，该同学在设计中为了实现底

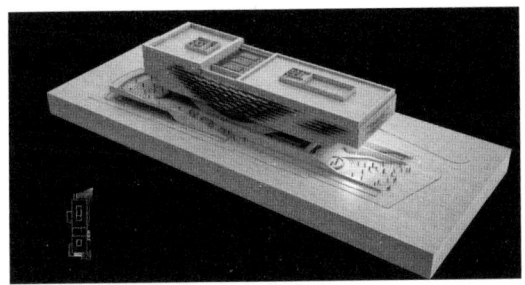

图10 非常规的结构设计（2022级尹泽诚）

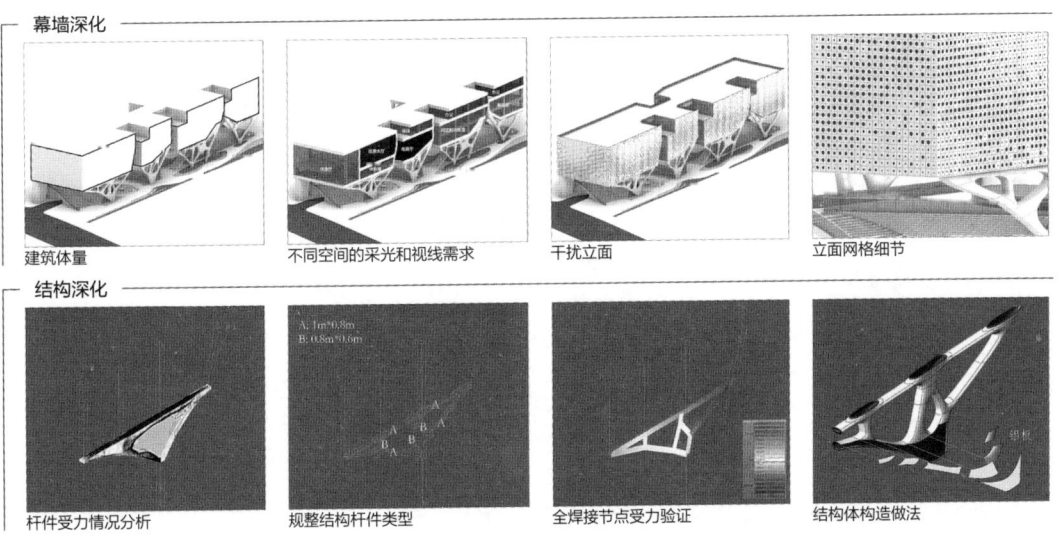

图11 利用拓扑优化算法进行特殊结构设计（2021级崔展华）

层空间的开放,采用转换结构的手法。同时,为了呼应自然,其底层转换结构并未采用传统的巨型梁柱体系,而是巧妙地应用了树形结构,通过轻量化的桁架优化,将这种巨型的转换结构体量进行了消隐处理,使之弥散在无形之中。方案在转换树形结构时采用了比较前沿的拓扑优化算法,将桁架布置方式与自然非线性曲线的受力形态融为一体,以便让访客融入其中,而不觉得压抑。这种利用结构来实现建筑空间功能、利用科技来优化结构形态的方式,获得了结构导师的高度肯定和鼓励。这些尝试不仅开启了学生们在建筑结构设计领域的创新思维,还让企业导师看到了未来建筑师在面对复杂技术挑战时的勇气和智慧。这样的跨专业指导不仅丰富了学生的学习体验,也为企业导师带来了新的设计思路和技术应用方法。

设备工程师的引入同样也发挥了重要作用。他们帮助学生理解建筑设备在设计中的关键作用,

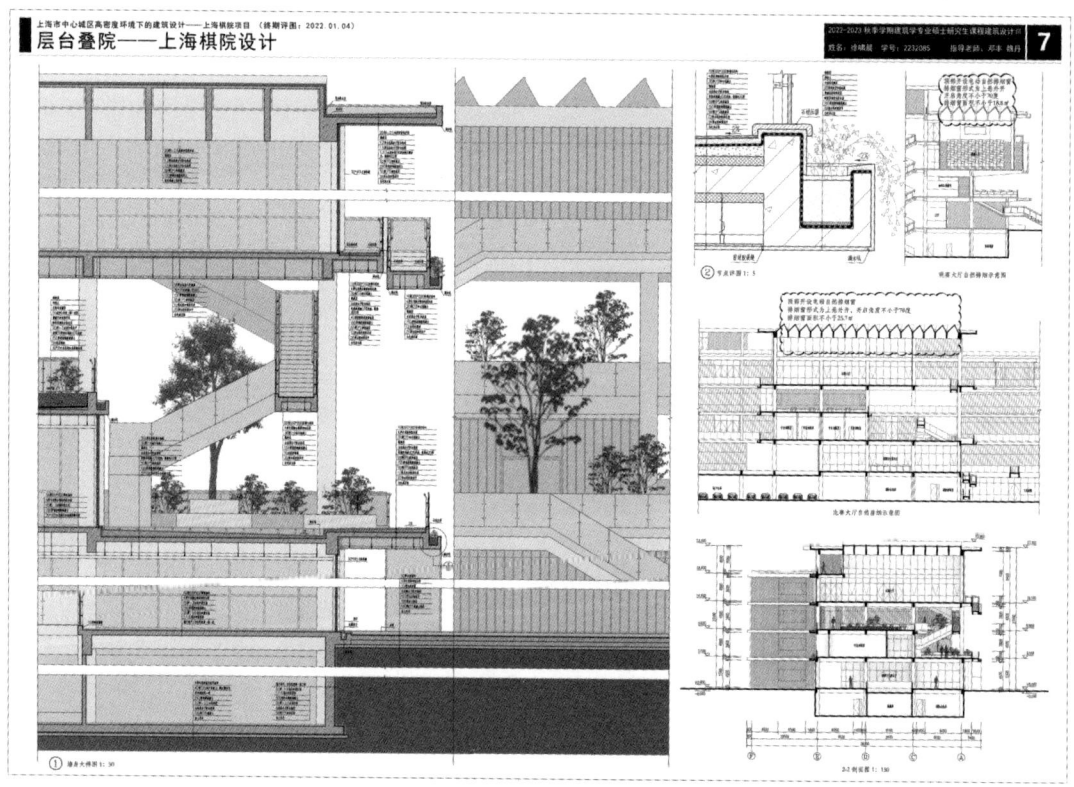

图12　与立面相结合的墙身大样详图,以及大空间屋顶排烟窗(2022级徐啸晨)

包括暖通、给排水、电气系统等。通过设备工程师的指导，学生能够在设计阶段充分考虑建筑设备的整合与布局，确保建筑设计在满足美观和功能需求的同时，也具备便捷高效的设备系统。特别是在第五立面设计上，如何合理安排相关设备及用房，以及消防系统设计方面，设备工程师的指导使学生对消防规范和系统有了更深入的理解。学生能够在设计中比较完整地落实设备各专业的机房需求，包括变配电间、地下室水泵房、空调机房等，且主要机房上下楼层对位，有利于垂直管线敷设；在保证第五立面完整性的前提下，考虑多联机室外机的放置位置；在比赛大厅等高大空间的排烟处理上，结合幕墙立面或屋顶合理设置排烟窗，并在平面、立面、剖面以及幕墙节点详图中都有详细的表达（图12）。同时，还需要考虑在满足消防规范要求的前提下，避免大尺寸管线对室内净高的影响。这些设计中的技术要点在以往的课程设计中从未被重视过，但在实际的工作实践中却一定不能被忽视。

2023年设置"澄衷中学——MINI School"课题时，在设备导师的指导下，根据现行规范标准，还增加了屋面太阳能50%的安装面积要求，将绿色生态的相关技术融入课程设计之中。这不仅提升了设计的可持续性，还使学生在课程设计中体验到当前绿色技术的应用及其重要性。

建筑设计是一门综合性强、跨学科性强、理论和实践结合性非常强的学科，专业指导老师需要针对每个学生的具体问题作出解析，从解析中优化格局，从优化中寻找出路，在探寻中逐步引导学生形成自己的设计思路，因"材"施教和因"才"施教都很重要。这种综合性的教学组织，引导学生从多角度理解和实践建筑设计，使学生能够全面掌握建筑设计的各个方面，强调设计过程的思考和创新能力的培养，为学生建立起完整且深入的建筑设计理念，可以为其未来的职业生涯奠定坚实的基础。

## 2.6 教学成果

本课程面临的核心挑战是如何在有限的建筑用地和严格的城市规划管理条例下，创造出既符合功能需求又具有独特文化标识的建筑设计。在高密度城市中心商业街区中，激发城市空间的新活力，是对学生创新设计能力的极大考验。

曾群老师的设计方案为学生们提供了一个优秀的参考案例，展示了如何巧妙地应对这些挑战，创造出既实用又具有象征意义的空间。然而，建筑设计从来就没有所谓的"唯一解"。这一点在本课程的学生作业中得到了充分体现。面对"上海棋院"课题，两年内共计251位同学在同一块基地上，提出了251个形态各异、主题多样的设计方案。这些方案的多样性不仅展现了学生们对建筑设计问题的独到理解和创新思维，也反映了他们在应对逼仄的建筑用地和严苛的城市规划管理条例方面的高度适应性和创造力。曾群老师在参加课程终期评图时的玩笑话"如果这些方案都参加当年的竞标,自己的方案未必能够胜出",实际上是对同学们设计成果的高度肯定。

对于企业而言,这种类型的项目在实践中可能已经出现过很多次,但从未有一个实践项目能像这个项目一样进行如此大规模的复盘研究。这对企业也具有特别的意义。学生的多样化设计方案为企业提供了丰富的创意源泉,从而激发企业在未来设计过程中的创新思维。通过学生们对同一课题的不同解读,企业能够从多个角度审视和解决建筑设计中的复杂问题,有助于在未来项目中应对类似的挑战,提高设计的灵活性和应变能力。此外,通过全程参与和观察学生的设计过程,企业能够识别并培养出色的后备人才,这些学生不仅具备扎实的理论基础,还展示了在实际设计中应对复杂问题的能力,是企业未来发展的宝贵人才资源。

基于产教融合的"建筑设计Ⅲ"课程连续三

图13 在同济大学建筑设计研究院(集团)有限公司举办的终期优秀作业公开展评

图14 2021级终期优秀作业公开展评

图15 2021级部分模型展示

图16 2022级终期成果展览

年的终期优秀作业公开展评分别在同济大学建筑设计研究院（集团）有限公司及同济大学建筑与城市规划学院举办，取得了广泛的好评和反响。这些设计方案中不乏创意与实用性结合的佳作，它们不仅解决了实际的建筑和城市规划挑战，更为城市空间注入了新的活力，使之成为可能的文化标志（图13~图16）。

这些教学成果，显示出课程成功地培养了学生的建筑设计能力、创新思维和实际应用能力，激发了学生对建筑设计实践的兴趣。学生们通过本课程不仅学到了如何面对和解决建筑设计中的复杂问题，还获得了对建筑设计职业的深刻理解和认识。教学与实践的互动为校企双方带来了显著的双赢效果。通过持续的创新和优化，本课程不仅达到了预期的教学目标，还为未来建筑设计教育提供了宝贵的经验和参考。

## 3. 建筑教育与产教融合

当前建筑教育面临的主要挑战是在适应技术进步和行业需求变化的同时，保持其核心价值和目标。产教融合在培养能够适应并引领行业变革的创新人才方面可以发挥关键作用。建筑教育的特殊性之一在于其需要大量的专业实践操作，而建筑设计的最终目的是其物质存在的呈现，因此，产教融合的重要性日益凸显。通过产教融合，学生可以在基于实际的建筑项目中学习将理论知识与实践相结合，增强学习的实用性，这不仅是实现教育与产业需求契合的重要途径，也是提升教育质量和培养与时代发展相符的人才的关键策略。

研究生"建筑设计Ⅲ"课程贯彻校企联合、联动的宗旨，建筑学专业型硕士研究生经过一学期的学习和锻炼，通过终期评审，最终每年有24位，三年共计72位表现优异的同学获得同济大学建筑设计研究院（集团）有限公司颁发的应届校招"免试特招卡"。此举不仅促进了专业型硕士研究生的职业化和专业化培养，为企业今后的优秀人才储备提供了强有力的支撑，而且促进了校企之间的人才双向选择和流动。同时，教学相长，企业导师也通过教学中与同学们的交流和互动，激发了创作活力，拓宽了创作思路，获得了更多思考的空间和方向。参与2021级设计教学的结构导师刘冰在其教学总结中写道："在三个月的教学相处中，一方面我在指导他们做设计，另一方面我自己也在不停地吸收他们前卫、大胆、有趣的理念和想法，让我也重新审视过去的设计是不是太过严谨而缺乏想象力。这种思想的交流与碰撞，犹如三伏天的一场大雨，让人畅快淋漓，回味良久。可能这才是校企联合教学的魅力所在。"

## 4. 结语

当前高校建筑教育面临技术革新和市场需求变化的双重压力，建筑教育体系需要适应这些变化，以培养符合时代要求的建筑师。学术教育与专业实践之间的差距、行业需求的演变，以及平衡技术技能与创造性思维的需求，成为当前建筑教育的重要课题。在这一背景下，建筑教育应顺应时代和行业的变化，帮助学生自主学习和选择，把培养人才的重心从知识点的传授转移到学习能力的训练上来。在建筑教育中强调系统性和方法论，帮助学生掌握持久的技能和知识，这对于应对不断变化的行业环境至关重要。

新技术的不断涌现，对建筑教育的反应速度和适应能力提出了更高要求。通过产教融合，将工程实践中的新技术引入课堂，学生可以接触到最前沿的设计理念和技术应用。这种创新的教学模式不仅能提升学生的技术技能，还能激发他们的创造性思维，使他们能够在未来的职业生涯中应对各种复杂的设计挑战。

未来，产教融合将持续深化，成为建筑教育的重要方向。研究生"建筑设计Ⅲ"的课程设置也在持续不断地更新和调整，希望能够在保证基础训练的前提下，进一步融入新技术、新材料、新方法等在实践中具有探索价值的专项训练，比如与实践密切相关的BIM技术、绿色节能技术、智能建造技术，以及人工智能辅助设计（AIAD）等。这些新技术和新方法的引入，将为学生提供更广阔的学习和实践平台，使他们能够更好地应对未来的设计挑战。

展望未来，从合作教学到合作科研，随着产教融合的不断深入，希望可以为学生提供更大的创新平台，使他们能够参与到前沿技术的研究和应用中去。通过这种持续的创新和优化，建筑教育将更加适应行业发展的需求，为行业的发展提供源源不断的动力，培养出更多引领时代发展的优秀建筑师。合作教学和科研也将进一步提升教育质量，推动建筑教育的持续创新和发展。

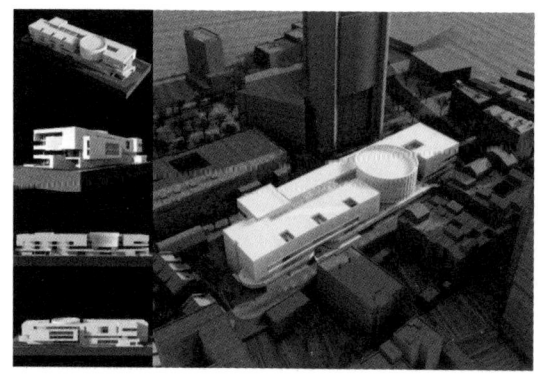 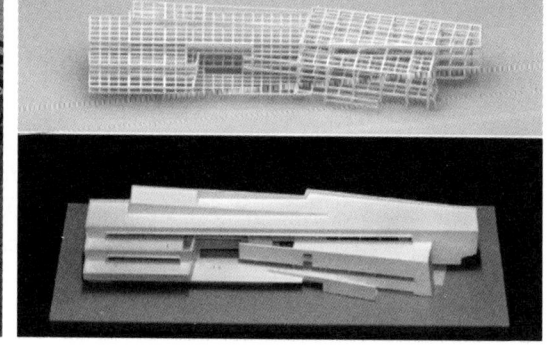

图17 部分学生作业展示

参考文献

[1] 常青. 建筑学教育体系改革的尝试——以同济建筑系教改为例 [J]. 建筑学报, 2010(10): 4-9.
[2] 李振宇. 建筑教育: 在变化中升级 [J]. 建筑创作, 2016(4): 140-147.
[3] 王一, 谭峥, 钱锋. 历史与情境 同济大学建筑学科发展的五个时刻 [J]. 时代建筑, 2022(3): 56-61. DOI: 10.13717/j.cnki.ta.2022.03.012.
[4] 吴长福, 黄一如, 王一. 缜思畅想——注重创造力培养的同济建筑设计教学 [J]. 中国建筑教育, 2009(1): 14-16.
[5] 黄一如, 张建龙, 王一. 延续传统 强化特色——"卓越计划"下的同济建筑教育改革 [J]. 城市建筑, 2015(16): 43-49. DOI: 10.19892/j.cnki.csjz.2015.16.007.
[6] 王一. 建筑学专业的技术维度和建造意识培养 [J]. 中国建筑教育, 2017(Z1): 80-87.
[7] 蔡永洁. 高度与深度双向拓展的建筑学培养体系探索 [J]. 中国建筑教育, 2017(Z1): 43-48.
[8] 蔡永洁. 变中守不变: 面向未来的建筑学教育 [J]. 当代建筑, 2020(3): 126-128.

# 5

## 教学实践
TEACHING PRACTICE

208　教学成果　TEACHING ACHIEVEMENTS

213　教师团队　TEACHING TEAM

223　教师寄语　TEACHERS' MESSAGES

# 教学成果
## TEACHING ACHIEVEMENTS

探索之路　PATH OF EXPLORATION　　　　　　　　　　　　　　　　　　　　　　　　　　　　　　　　　/ 209

2021—2022　终期海报及同济设计院展评现场，优秀作业汇报

2021—2022 校企教学记录，阶段性评图，企业为优秀学生颁授免试特招卡

探索之路　PATH OF EXPLORATION　　　　　　　　　　　　　　　　　　　　　　　　　　　　　　　　／211

2021 级优秀作业展览　同济大学建筑与城市规划学院 D 楼二层展廊

上海棋院的平行世界　PARALLEL WORLDS OF SHANGHAI CHESS ACADEMY

2022 级优秀作业展览　同济大学建筑与城市规划学院 D 楼二层展廊

# 教师团队
TEACHING TEAM

企 企业导师
校 专职教师
结 结构导师
设 设备导师

（按姓氏拼音排序）

企 曹 亮
2021 级

同济大学建筑设计研究院（集团）有限公司市场（品牌）运营中心主任；高级工程师；国家一级注册建筑师；上海市建筑学会青年设计师工作委员会主任；河北雄安新区勘察设计协会城市设计分会理事；中国建筑学会立体城市与复合建筑专业委员会委员；第八届"吴景祥杯"杰出青年设计师获得者

**近年研究方向**

专注于公共建筑的设计创作，并致力于设计体育建筑（大跨度建筑）。

**代表作品**

上海国际旅游度假区精品购物村、同济大学嘉定校区体育馆、中国商飞总部基地、蚂蚁金服总部、阿里巴巴江苏总部、滨州市全民健康文化中心体育场、莆田市博物馆、常熟市体育中心、山东省第二十三届运动会配建场馆等。

中国商飞总部基地、上海国际旅游度假区精品购物村、滨州市全民健康文化中心体育场

**校 陈 强**
2021 级

同济大学建筑与城市规划学院建筑系副教授；中国建筑学会青年建筑师奖获奖者；上海市建筑学会建筑创作学术部委员；国家一级注册建筑师

**近年研究方向**

　　主要研究领域为当代建筑创作与地域性、城市更新与建筑改造、文化教育建筑设计。代表作品有安徽艺术学院、乌镇北栅丝厂改造、郎酒陶坛酒库与酒文化体验中心等。所获奖项包括 ArchDaily2021 全球年度大奖、中国建筑学会建筑设计奖一等奖、教育部优秀工程设计一等奖、中国勘察设计协会二等奖、2A 亚洲建筑奖金奖、上海市建筑学会建筑创作奖优秀奖等。论文 20 余篇，发表于《建筑学报》《世界建筑》《建筑技艺》《Domus 国际中文版》、*Casabella* 等国内外期刊及专业媒体。

安徽艺术学院、郎酒陶坛酒库、乌镇北栅丝厂改造

---

**校 陈 易**
2021 级 / 2022 级

同济大学建筑与城市规划学院教授；博士，博士生导师 / 硕士生导师；国家一级注册建筑师

**代表作品**

　　金泽文体中心及成人学校设计、中国城市化史馆·清河文展中心、上海市卫生人才交流服务中心修缮工程、江苏省泰州中学老校区保护性改造工程、上实东滩低碳农业园小粮仓室内外环境设计、上海市崇明县瀛东村现有农宅生态化改造及新建生态度假村、杭州市滨江区江滨环境综合设计、同济大学一·二九大楼装饰工程（同济大学博物馆）、同济大学智慧教室改造设计等。

上海市卫生人才交流服务中心修缮工程、江苏省泰州中学老校区保护性改造工程、上实东滩低碳农业园小粮仓室内外环境设计

**邓 丰**
2021级 / 2022级

同济大学建筑与城市规划学院副教授，建筑系研究生教学主管；同济大学 & 慕尼黑工业大学联合培养博士；中国建筑节能协会专家委员会专家；国家一级注册建筑师

**近年教学研究**

长期从事住宅与住区、绿色建筑和新能源利用的教学、科研和实践，参与了多项太阳能住宅和生态节能示范工程实践，具有丰富的理论和实践经验。主要研究方向为绿色建筑、近零能耗建筑、乡村建造、现代木构等，主持过国家自然科学基金等多项国家级科研项目，发表和出版了40余篇相关论文和专著。

**代表作品**

中国民用航空飞行学院、青岛龙湖中德生态园D1组团、青岛市第二实验初级中学、同济大学彰武路研究生宿舍、海南陵水黎安国际教育创新试验区—北京邮电大学海南校区、上海之鱼木构驿站等。

同济大学彰武路研究生宿舍、上海之鱼木构驿站、中国民用航空飞行学院

---

**董 屹**
2021级 / 2022级

同济大学建筑与城市规划学院建筑系副主任 / 副教授 / 博士生导师；C+D设计研究中心主持建筑师；上海市建筑学会建筑创作学术部副主任委员；美国建筑师学会（AIA）会员

**近年教学研究**

长期从事设计教学与建筑设计方法的研究，坚持开放的设计教学与实践双轨并行。设计实践共获得中国建筑学会和上海市建筑学会的建筑创作奖20余项，以及中国建筑传媒奖、ArchDaily中国年度建筑大奖季军等其他各类国内外奖项30余项，在各类杂志发表项目相关论文30余篇。

**代表作品**

2018上合青岛峰会新闻中心、2023杭州亚运村国际区、宁波市东钱湖韩岭古村更新设计、南京夫子庙核心景区周边环境综合整治工程、上海豫园商城更新改造项目、上海中学东校、上海平和学校金鼎校区、宁波市城市建设档案馆、宁波市宁海旅游观光中心、宁波市江北区甬江实验学校等。

宁波市城市建设档案馆、2023杭州亚运村国际区、上海中学东校

**高 磊**
2022 级

同济大学建筑设计研究院（集团）有限公司商业建筑设计院党支部书记 / 副总建筑师 / 建筑所所长；高级工程师；国家一级注册建筑师；2006 年获同济大学建筑学学士学位，2009 年获同济大学建筑学硕士学位

**代表作品**

　　天长市图书馆、荆州市群众艺术馆、厦门宝龙一城、宁波宝龙广场、上海紫荆广场、天津社会山国际会议中心等。

天长市图书馆、厦门宝龙一城、宁波宝龙广场

**刘 冰**
2021 级

同济大学建筑设计研究院（集团）有限公司结构所所长；国家一级注册建筑师，国家一级注册结构工程师，国家一级注册岩土工程师；英国皇家工程师学会特许结构工程师；同济大学建筑与城市规划学院企业导师，同济大学土木工程学院校外硕士副导师

**代表作品**

　　上海中心大厦西裙房、南沙国际金融论坛（IFF）永久会址、嘉兴火车站南广场、合肥美术馆、汪曾祺纪念馆、大连东港区维多利亚广场、苏州大学附属第一医院平江分院、盱眙县奥体中心体育馆、埃塞俄比亚非洲联盟会议中心等。

南沙国际金融论坛（IFF）永久会址、嘉兴火车站南广场、汪曾祺纪念馆

**校 孟 刚**
2021级/2022级

同济大学建筑与城市规划学院建筑系副教授；国家一级注册建筑师；1994年4月在同济大学建筑系研究生毕业后留校任教；2006年获同济大学建筑系博士学位；2009年赴德国斯图加特大学访学

**主编教材**

《建筑构造》第2版（同济大学出版社）、《房屋建筑学》第4~6版（中国建筑工业出版社）。

**代表作品**

湖州德清春晖公园、常州外国语学校&天合国际学校方案、山东菏泽赵王河滨水景观带规划、永康锦绣江南方案、上海青浦吉富绅花园、南京长江隧道浦口服务区景观设计、常州武进西太湖生态休闲区滨湖景观概念性规划等。

  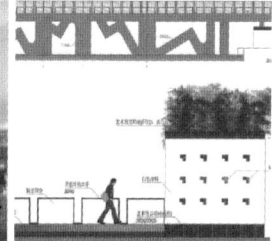

湖州德清春晖公园、常州外国语学校&天合国际学校方案、永康锦绣江南方案

**企 戚 鑫**
2022级

同济大学建筑设计研究院（集团）有限公司同励建筑设计分院副院长；正高级工程师；国家一级注册建筑师；上海市建筑学会医疗建筑分会副主任委员；中国医院协会医院建筑系统研究分会委员；上海市科技专家库入库专家；上海市工程咨询行业专家；同济大学建筑与城市规划学院企业导师，同济大学国家卓越工程师学院企业导师

**代表作品**

上海嘉定保利大剧院、上海瑞金洲际酒店、华为杭州研发中心一期、华东师范大学河口海岸大楼、上海市第一人民医院改扩建工程、上海市第一人民医院国家眼科诊疗中心、上海市第一人民医院南院二期扩建工程、上海市中医医院嘉定院区、上海市口腔医院闵行院区、上海市静安区区域医疗中心改扩建工程、上海市公共卫生临床中心应急医学中心等。

上海市第一人民医院改扩建工程、上海嘉定保利大剧院、上海市第一人民医院国家眼科诊疗中心

### 王 祥
2021级 / 2022级

同济大学建筑与城市规划学院助理教授；同济大学和德国达姆施塔特工业大学硕士，博士；中国建筑学会计算性设计学术委员会委员；上海市建筑学会数字建筑分会学术委员会委员；上海建筑数字建造工程技术研究中心委员；*Automation in Construction*、*Structures*、《建筑技艺》《时代建筑》等期刊审稿人、客座编辑

**近年教学研究**

主要研究方向为数字建筑设计方法和机器人数字建造技术。已主持、参与多项国家重点研发计划课题、子课题、国家自然科学基金，发表中英文论文30余篇。

**代表作品**

超薄纸板大跨壳体展亭（2017数字未来建造项目）、织物模板超薄UHPC实验桥（2020数字未来建造项目）、乌镇互联网中心"红亭"等。

超薄纸板大跨壳体展亭、乌镇互联网中心"红亭"、织物模板超薄UHPC实验桥

### 汪妍泽
2022级

同济大学建筑与城市规划学院建筑系助理教授；同济大学超大城市精细化治理研究院院长助理；亚洲建筑师协会官方期刊 *Architecture Asia* 执行编辑；2019年获东南大学建筑设计及其理论博士学位；曾被公派赴哥伦比亚大学、宾夕法尼亚大学联合培养；曾任香港中文大学建筑学院研究助理、布尔诺理工大学建筑系客座讲师；国家一级注册建筑师

**近年教学研究**

研究领域及相关成果聚焦制度变革下的历史遗产保护与城市更新，先后获得国家自然科学基金青年科学基金项目、博士后创新人才支持计划、上海市"超级博士后"激励计划支持。主持参与多项上海市科委、上海市住建委等城市更新与治理课题，主持攀枝花市迤沙拉川南天文台、云南普者黑朴里精品酒店、上海第八棉纺织厂工人里弄、南京高云岭历史建筑、广州电池厂等保护更新设计实践。

攀枝花市迤沙拉川南天文台、云南普者黑朴里精品酒店、上海第八棉纺织厂工人里弄更新

**王志军**
2021级 / 2022级

同济大学建筑与城市规划学院副教授；博士；国家一级注册建筑师；德国科堡应用技术大学、慕尼黑应用技术大学建筑系访问学者；同济大学－柏林工业大学城市设计双学位硕士研究生联合培养项目中方负责人

**近年教学研究**

曾在国内外重点专业刊物上发表多篇关于城市设计、建筑设计的论文；设计实践主要包括青岛高科技工业园总体规划、沈阳长白岛控制性详细规划等不同规模的城市规划设计项目，还主持了中国驻慕尼黑总领馆馆舍新建工程、中国驻文莱大使馆馆舍新建工程等项目。其中，中国驻慕尼黑总领馆馆舍新建工程、山东鲁信长春花园、青岛实验学校等项目获多个设计奖项。

中国驻慕尼黑总领馆馆舍新建工程、中国驻慕尼黑总领馆馆舍新建工程室内空间、成都科学城总体城市设计方案竞赛鸟瞰效果图

**文小琴**
2021级 / 2022级

同济大学建筑设计研究院（集团）有限公司集团副总建筑师，建筑设计一院总建筑师；同济大学国家卓越工程师学院企业导师，同济大学建筑与城市规划学院企业导师；教授级高级工程师；国家一级注册建筑师

**代表作品**

同济大学嘉定校区传媒学院、巴士一汽停车库改造、2010年上海世博会主题馆、长沙国际会展中心、江苏省苏州实验中学、郑州美术馆新馆－郑州档案史志馆、苏州山峰双语学校教学楼、中国第二历史档案馆新馆、光明科学城启动区土建工程等。

2010年上海世博会主题馆、中国第二历史档案馆新馆、光明科学城启动区土建工程

**魏 丹**
2021级 / 2022级

同济大学建筑设计研究院（集团）有限公司建筑二院院长助理 / 创作中心主任；高级工程师；国家一级注册建筑师；2003年于同济大学建筑与城市规划学院获硕士学位，2019年获得上海优秀青年工程勘察设计师提名，2021年起任同济大学建筑与城市规划学院企业导师，2024年入选上海市建筑学会青年设计师工作委员会委员

**代表作品**

　　景德镇中国陶瓷博物馆、联合利华（中国）研发中心、同济大学多功能振动实验中心、西北工业大学长安校区图书馆、苏州吴中区东吴文化中心、环球西安中心、昆明花之城豪生国际大酒店等。

苏州吴中区东吴文化中心、联合利华（中国）研发中心、同济大学多功能振动实验中心

**吴 丹**
2022级

同济大学建筑设计研究院（集团）有限公司建筑设计三院设计总监 / 高级工程师；国家一级注册建筑师；第六届和第八届吴景祥杯"杰出青年设计师"获得者

**代表作品**

　　如东文化中心、云南大剧院、同济大学浙江学院教学楼、同济创园、同济大学机械与能源工程学院大楼、绍兴市镜湖中心广场、上海临港兴港城等。

如东文化中心、云南大剧院、上海市中医医院嘉定院区

同济大学建筑设计研究院（集团）有限公司设计一院主任工程师／设计部主任；2008年5月获同济大学建筑环境与设备工程专业硕士学位，2016年12月取得高级工程师资质

**代表作品**

广州太平金融大厦、皖新文化创新广场超高层项目、上海博物馆东馆新建工程、深圳歌剧院、长沙国际会展中心、西安丝路国际会议中心、诺华上海园区一期工程、上海罗氏制药新建医药实验楼、2010年世博会英国馆、瑞士驻华大使馆等。

张 华
2021级 / 2022级

长沙国际会展中心、上海博物馆东馆、西安丝路国际会议中心

同济大学建筑设计研究院（集团）有限公司未来建筑与城市研究院副院长；上海市建筑学会养老建筑研究专委会副主任委员；上海优秀青年工程勘察设计师

**近年研究方向**

专注于健康养老、科技居住以及零碳生态领域，通过科技进步引领设计变革，使建筑成为可以自我升级的有机体。通过对自然友好的设计给使用者带来宏观和微观尺度上的感知，在适应气候环境的低碳化设计和适应使用者的舒适性设计中取得平衡。

**代表作品**

上海前滩三湘·印象名邸、上海保利世博、雄安新区电建智汇城零碳办公综合体、中国人寿阳澄湖国寿嘉园、杭州太保家园等。

张 扬
2021级 / 2022级

雄安新区电建智汇城零碳办公综合体、上海前滩三湘·印象名邸、杭州太保家园

**张峥**
2022级

同济大学建筑设计研究院（集团）有限公司工程技术研究院院长；上海建筑数字建造工程技术研究中心副主任；国家一级注册结构工程师；英国注册结构工程师；中国勘察设计协会结构设计分会理事及青年工程师委员会主任委员；中国建筑学会建筑幕墙学术委员会常务理事；中国建筑学会数字建造学术委员会理事；中国体育科学学会体育建筑分会委员；2016年上海市青年五四奖章获得者；2019年上海市青年拔尖人才；2020年"中国建筑学会建筑设计奖·青年建筑师奖"获奖者；2022年上海市青年科技英才

**代表作品**

重庆西站、西安丝路国际会议中心、北京大学体育馆、长沙国际会展中心、上海中心大厦等。

著有学术书籍《大跨度建筑钢屋盖结构选型与设计》《参数化之"道"——Grasshopper&C#的逻辑世界》等。

重庆西站、郑州航空港站、西安丝路国际会议中心

---

**周峻**
2021级

2001年获东南大学硕士学位；同济大学建筑设计研究院（集团）有限公司建筑设计三院总建筑师；上海市建筑学会建筑创作学术部副主任委员；国家一级注册建筑师；高级工程师；2018年获评"2016年度中国建筑学会建筑设计奖·青年建筑师奖"，2019年获评"上海优秀青年工程勘察设计师"，2023年获评"第二届上海市杰出中青年建筑师"

**近年研究方向**

在20多年的设计实践中，主持或主要参与了近百个项目，覆盖了文化、教育、科研、办公等大部分建筑类别，在文化建筑设计方面有所专长，长期从事剧院、博物馆类建筑设计工作，共有30余个项目获国家及省部级优秀设计奖，荣获2次"上海市重点工程实事立功竞赛建设功臣"称号。

**代表作品**

宛平剧场改扩建工程、中国扬州运河大剧院、云南省大剧院、上海音乐厅修缮工程、山东省美术馆、海南省图书馆（一期、二期）、安徽艺术学院、都江堰向峨小学等。

宛平剧场改扩建工程、中国扬州运河大剧院、海南省图书馆（一期、二期）

# 教师寄语
TEACHERS' MESSAGES

作为建筑学毕业生，同学们即将踏上职业之路。当然，这意味着同学们即将开始一个新的学习和成长的阶段。要始终保持学习的状态，不断挑战自己，不断完善自己的能力和技艺。同时也要保持谦虚和开放的心态，善于倾听用户的需求，不断扩大自己的视野，与时俱进。最后，相信自己的能力，勇于面对挑战，迎接未来的职业生涯！

——曹亮

在行业转型的当下，建筑学是否应被视为通识教育的一部分？教育的目标仍然是培养职业建筑师吗？我们的优势在哪里？这门课是必修还是选修？这些都值得大家思考。

——陈强

同济大学建筑系在总结多年教学经验的基础上，将设计作业大致分为两类，一类偏重于概念和创意，另一类则偏重于设计的可行性，二者相辅相成，共同构成了建筑系的设计课程体系。这次的"建筑设计Ⅲ"则属于后者，在课题选择、讲课、提供资料、参观指导、设计辅导、设计讲评等全过程都邀请一线建筑师作为主角，确保题目来自实践、设计要求来自实践、设计策略来自实践，使教学过程具有很强的实用性，让学生真实体会到建筑师在日常工作中面临的问题、体会到工程项目推进的复杂性，为步入社会做好准备。

事实上，产教融合不仅可以运用于教学，也可以运用于科学研究甚至社会服务，使之成为推动学科发展的重要抓手。

祝愿产教融合的道路越走越顺、越走越宽。

——陈易

在指导过程中，我发现最大的挑战在于如何将学生的创造力引导至实际可行的设计路径上，让他们在将概念转化为具体设计的过程中，既保持创新，又确保可实施性。这不仅考验学生的设计能力，也对指导教师提出了更高的要求。在教学过程中，学生们从最初的困惑到逐渐掌握设计方法和技术，不断突破自我，提出了许多创新的设计方案。这让我对产教融合的教学模式充满信心。

在未来的教学中，希望能在保证基础训练的前提下，结合行业发展，更多地融入新技术、新材料和新方法的专项训练，为学生提供更多探索和创新的机会。通过这种系统化的教学模式，我们可以培养出更具创新能力和实践技能的优秀建筑人才，为行业的发展注入新的活力。

——邓丰

希望训练的目的更明确，让学生知道该课程在整体培养环节中的位置，以及训练的意义，让教师知道训练如何促进能力培养和专业出口的衔接。希望课程不是简单的重复和工作量的放大,而是为了让学生认识到建筑设计是一个系统化工程,是为了促进他们在进入真正实践之前建立起工作框架意识。同时,我也希望在今后的教学中,在保证基础训练的前提下,进一步融入新技术、新材料、新方法等在实践中具有探索价值的专题训练。

——董屹

**从**同济大学毕业,已经过去了十几年。如今能以企业导师的身份重新回到母校校园,我感到非常幸运,校园的多彩回忆和职场的痛苦磨练依然历历在目。在课程期间,我既是老师,也是学生,因此整个教学过程中,我其实和同学们是亦师亦友的,而且课程结束后我和很多同学也都互加了微信,成为了朋友,以期江湖再见。

虽然建筑学专业的学习非常繁杂,未来如果想走专业化道路,成为建筑师,也是一份很辛苦的职业,要具有一定的坚忍精神才能凝聚出一点点收获。但建筑学也是一个可以在生活和实践中不断学习和感知的专业,相关知识可以在很多学科和领域中大有可为。而且,在这些年轻人身上,我也看到了较高的专业素养以及探索热情。希望你们能沉得住气,稳扎稳打,积跬步、行千里,成长为更好的自己。

——高磊

**在**三个月的教学相处中,一方面我在指导他们做设计,另一方面我自己也在不停地吸收他们前卫、大胆、有趣的理念和想法,让我也重新审视过去的设计是不是太过严谨而缺乏想象力。这种思想的交流与碰撞,犹如三伏天的一场大雨,让人畅快淋漓,回味良久。可能这才是校企联合教学的魅力所在。

——刘冰

**设**计成果固然重要,而过程经验更不容忽视。对于一个历经反复推敲、丰富立体的建筑方案来说,有限的图纸、模型、言辞也许无法将其完美呈现,常让我们感受到丝丝缺憾。但那些超越评价体系之外的获得,也许比最终结果更值得珍惜。

——孟刚

**在**如今建筑行业面临巨大压力的背景下,我猜想毕业后并非每一位同学都会成为职业建筑师,但这并不是我们教育的最终目标。通过同济建筑教育中"专"和"通"的结合,我们希望给予学生们的不仅仅是专业技能,更重要的是一种开阔的视野和积极的人生态度,让他们在未来的职业生涯中,无论从事何种行业,都能以独特的眼光和坚定的信念面对挑战。

我希望通过这段宝贵的教学经历,能够为学生们的未来打下坚实的基础,让他们不仅在建筑领域有所成就，更能在生活中找到自己的方向和价值。这不仅是对他们的期望，也是对我作为教育者的一种激励。我希望他们能够将这段经历作为一生中值得回忆的时光，并从中汲取力量，去迎接未来的挑战与机遇。

——戚鑫

作为"建筑设计Ⅲ"课程发起人之一，希望课程能够进一步深化和设计企业的合作，在选题上能够结合建筑改造与更新设计项目，增加解读现状建筑等技术观察和研究内容。在设计表达上，建议贴近课程目标，作进一步简化。愿"建筑设计Ⅲ"能发挥更大优势，培养出更多优秀的建筑设计人才。

——王志军

建筑设计是一门非常综合且需要投入巨大心力的学科，我们不但试图通过教学去让学生体会在实操过程中所面临的问题，也希望通过模拟真实的实践过程，让大家看到自己的构思设想如何一步步走向现实，如何在这个过程中通过沟通碰撞出好的思路、有趣的空间、意想不到的效果。种种的不确定性造就了每个完成作品的独特品质，这也正是建筑设计这个专业的魅力所在吧。

——魏丹

尽管教学过程得到了学生们的广泛接受，但短暂的课程不可能从根本上转变他们对于创作理念的认知或者某些设计习惯。不过，校企合作教学可以从很大程度上为学生们开启一片更真实的天空，让他们更有针对性地提前做好相应准备，以尽快适应未来的设计实践。当然，我们也期待学生们不仅抬眼去看天空中的绚烂，更应该关注具体的实现路径，脚踏实地地去一步步接近所有的美好。

——文小琴

很荣幸能有机会参加校企合作推出的"上海棋院"研究生建筑设计课程项目，我分别在2021年和2022年与两届同学们一起探索上海棋院的平行世界……令我感受颇深的是第二届课程，因为特殊原因，采取了线上线下穿插式教学，而学生们仍然能有精彩的成果呈现，深感不易！感动和祝福一直都在，希望你们不断地突破自己，自信地表达对建筑设计的理解和追求！

因为这是一个真题假做的项目，希望同学们不仅在建筑专业上进行知识的深度探讨与学习，还能在设计思维上进行体系化梳理和训练，形成认知和实操的闭环。未来，无论建筑行业发展趋势如何变化，希望同学们能拥有一套认知体系和知识迁移的能力，成为更好的自己！

——吴丹

挺喜欢这样一种产教融合的课程设计，一方面我为能够参与教学而自豪，另一方面这对我自己也是一个激励、启发及学习的过程。虽然我仅参与了两届，但回想起来，却还是有很深的记忆。这个课程设计毫无疑问会一直进行下去，设计题目也会不停地变化，"折磨"同学们的同时也在"折磨"着我们。但我相信，当每一期课程结束再回忆的时候，大家会乐在"折磨"中。

——张华

作为一名曾就读于同济的学子，我将同济视为我的第二故乡。如今担任企业导师，无论是在学生时期还是成为老师后，同济始终如家。每一次的教学都勾起我对求学时光的美好回忆，与同济的缘分贯穿始终。在研究生阶段，我期望同学们能够积极培养多元的视角，有意识地进行跨学科发展，勇于挑战自己，以便在未来的沟通和事业发展中展现更强的实力和自信。

在当今飞速发展的社会、人文和科技环境下，建筑师想要取得成就，不能仅仅依赖社会对个体的教育，而需主动迎接尝试和学习的机会。当前建筑行业正经历着低谷期，无论是行业整体还是个人，都面临着严峻的挑战。唯有持续不断地学习，挑战自我，方能在未来游刃有余，波澜不惊！

——张扬

在市场逐步从增量转向存量的时代，选择设计工作，是需要一些勇气和信念的。除了自身的基础理论功底和业务基本能力之外，可能需要特别关注两点。一是协调和调动资源的能力：建筑设计的综合性很强，跨越多个学科甚至多个领域，需要团结很多专业来协同推进，尤其是在存量更新领域。二是学习新科技的意识和能力：无论是早几年的数字化设计工具，还是最近流行的 AI 辅助工具，都将在"术"的层面改变竞争格局。科技产品的使用，在解放双手的同时，也有助于打开思维的束缚，也许不失为一种新环境下适者生存的模式。

——张峥

希望同学们能够保持对建筑的热爱和执着，保持细心、耐心和创造力，努力创造更美好、更可持续的空间；同时，也要保持对新技术、新材料的好奇心，不断学习和探索。希望校企合作的教学模式越来越好。

——周峻

# 后记
POSTSCRIPT

作为此次研究生"建筑设计Ⅲ"产教融合设计教学的主持教师，能够全程参与并推动这一教学模式的实施，我感到无比荣幸。从课程最初的构想到最终成果的出版，每一步都充满了挑战，也为我们带来了更多的思考。这本书不仅是对阶段性教学成果的记录和总结，更承载着我们对未来建筑设计教育改革的期许与探索。

研究生"建筑设计Ⅲ"课程从2018年起便开始了一系列改革探索，针对专业型硕士研究生的培养，王志军老师主持的"上海教育会堂设计"项目持续了三年。课程强调设计的专业度和深度，对学生作业的图纸和模型成果提出了更高的要求。随着师资结构和行业需求的不断变化，自2021年起，在王一老师和董屹老师的大力支持和鼓励下，我们借助教育部产学合作协同育人项目，开始探索产教融合的教学模式。通过引入企业导师，大大提升了专业型硕士研究生在建筑设计及相关技术上的深度辅导与专业化培养水平。

产教融合的魅力就在于它打破了传统课堂与现实行业的界限，让学生们的设计不再仅仅停留在炫酷的设计概念和视觉表现上，而是真正将创造性思维、理论知识与实际应用结合起来，使他们的设计更具专业性、针对性和可实施性。此次项目的成功推进，得益于同济大学建筑系与同济大学建筑设计研究院（集团）有限公司之间长期的密切合作。从课程筹划之初，设计院汤朔宁老师和赵颖老师就给予了大力支持，企业派出的导师团队更是堪称"王炸组合"——每位导师都来自设计院的核心团队，拥有丰富的专业背景和满腔的教学热情。他们全程参与了课程的各个环节，从设计任务书的制定，到专题讲座、阶段性评图，再到优秀作业的展评，校企实现了深度的合作教学。这不仅为学生提供了与行业翘楚近距离接触的宝贵机会，也使他们能够通过更接近实战的项目设计，真正锤炼解决实际问题的能力。

自2021年项目启动以来，产教融合设计教学已经持续开展了三年，课程涵盖了"上海棋院"和"澄衷中学"两个不同的设计课题。在这三年中，共有17位来自企业的专业导师参与了设计教学改革，367 名专业型硕士研究生参与了课程学习，其中 72 名表现优异的同学，获得了合作企业颁发的应届毕业生"免试特招卡"。这一项目不仅推动了高校在人才培养上的创新，也为企业的人才储备注入了新鲜血液，实现了高校与企业的双赢局面。本书呈现了对 2021—2022 为期两年的"上海棋院"设计课题的系统总结。

当然，在项目实施的过程中，我们也遇到了不少挑战。如何让课程内容与行业需求无缝衔接？如何在学生能力参差不齐的情况下实现统一的教学目标？如何应对新兴技术对建筑教育带来的冲击？这些问题不仅让我们产生了更多思考，也促使我们不断改进和探索更灵活、更专业、适应性更强的教学方式。

当前，中国建筑行业正经历从高速增长向高质量发展的转型，专业人才的需求日益多元化且要求不断提高。为了使学生具备应对未来挑战的竞争力，我们应该在教学中积极引入新技术，特别是前沿的建筑技术，帮助学生掌握应对行业变革的必备技能。建筑教育不应只停留在传统技能的传授，还应培养具备跨学科视野和综合素质的高端人才。同时，随着行业的变革，不难发现部分学生对专业学习的兴趣有所下降。为此，未来的设计教学必须注重趣味性和前沿性相结合，确保教学成果不仅有质量，还能让学生在课程中找到研究和学习的乐趣。目前，我们已经开始将可持续建筑设计、智能建筑技术、数字化与交互式应用等前沿领域引入下一阶段的课程组织，以增强课程的研究性和专业性，同时提升学生对行业发展的信心，拓宽他们未来的就业可能。

最后，衷心希望这本书能够为建筑教育同行、建筑师、同学们提供一些有益的参考与启发，大家携手推动建筑教育的改革和创新，共同为建筑学的专业发展贡献力量。同时也期待，未来我们能够有更多、更专业、更有趣的教学成果持续产出，培养出更多具备创新精神和实践能力的优秀人才。

2024 年 8 月

图书在版编目（CIP）数据

上海棋院的平行世界：建筑学专业硕士研究生校企联合建筑设计教学探索 / 邓丰等编著. -- 上海：同济大学出版社, 2025. 3. -- (产教融合教学改革与实践系列丛书). -- ISBN 978-7-5765-1443-8

Ⅰ.TU-0；G643

中国国家版本馆CIP数据核字第2025UR3250号

# 上海棋院的平行世界：
## 建筑学专业硕士研究生校企联合建筑设计教学探索

**SHANGHAI QIYUAN DE PINGXING SHIJIE:**
JIANZHUXUE ZHUANYE SHUOSHI YANJIUSHENG XIAOQI LIANHE JIANZHU SHEJI JIAOXUE TANSUO

邓丰　董屹　文小琴　赵颖　编著

出 版 人：金英伟
责任编辑：晁　艳
助理编辑：沈沛杉
责任校对：徐逢乔
装帧设计：完　颖

版　　次：2025年3月第1版
印　　次：2025年3月第1次印刷
印　　刷：上海安枫印务有限公司
开　　本：787mm×1092mm　1/16
印　　张：15
字　　数：371 000
书　　号：ISBN 978-7-5765-1443-8
定　　价：98.00元

出版发行：同济大学出版社
地　　址：上海市四平路1239号
邮政编码：200092
网　　址：http://www.tongjipress.com.cn

本书若有印装质量问题，请向本社发行部调换
版权所有 侵权必究